Ian Stewart

Warum (gerade) Mathematik?

Eine Antwort in Briefen

Aus dem Englischen übersetzt
von Harald Höfner und Brigitte Post

Titel der Originalausgabe
Letters to a Young Mathematician
Aus dem Englischen übersetzt von Harald Höfner und Brigitte Post

Englische Originalausgabe erschienen bei Basic Books, A Member of the Perseus Books Group
© Joat Enterprises 2006

Wichtiger Hinweis für den Benutzer

Bibliografische Information der Deutschen Nationalbibliothek
Die Deutsche Nationalbibliothek verzeichnet diese Publikation in der Deutschen Nationalbibliografie; detaillierte bibliografische Daten sind im Internet über http://dnb.d-nb.de abrufbar.

Springer ist ein Unternehmen von Springer Science+Business Media
springer.de

© Spektrum Akademischer Verlag Heidelberg 2007, 2008
Spektrum Akademischer Verlag ist ein Imprint von Springer

08   09   10   11   12   5   4   3   2   1

Planung und Lektorat: Frank Wigger, Martina Mechler
Redaktion: Regine Zimmerschied
Herstellung: Katrin Frohberg
Umschlaggestaltung: wsp design Werbeagentur GmbH, Heidelberg, unter Verwendung eines Bildes von gettyimages
Satz: Mitterweger & Partner, Plankstadt
Druck: Krips b.v., Meppel
Bindung: Franz Kapp GmbH, Dettingen/Teck

Printed in The Netherlands

ISBN 978-3-8274-2086-2

Zur Erinnerung an

Marjorie Kathleen ("Madge") Stewart
4. 2. 1914 – 17. 12. 2001
und
Arthur Reginald ("Nick") Stewart
2. 3. 1914 – 23. 8. 2004

– ohne die ich nichts wäre,
geschweige denn Mathematiker.

Inhaltsverzeichnis

Vorwort zur deutschen Ausgabe IX
Vorwort zur Originalausgabe XI
1 Warum Mathematik? 1
2 Wie ich beinahe Rechtsanwalt geworden wäre 11
3 Die Bandbreite der Mathematik 17
4 Ist denn nicht alles schon erledigt? 33
5 Umgeben von Mathematik 45
6 Wie Mathematiker denken 53
7 Wie man Mathematik lernt 61
8 Furcht vor Beweisen 71
9 Können Computer nicht alle Probleme lösen? 81
10 Mathematische Geschichten 87
11 Zum großen Schlag ausholen 95
12 Blockbuster 103
13 Unmögliche Probleme 109
14 Die Karriereleiter 121
15 Rein oder angewandt? 131
16 Woher bekommt man all diese verrückten Ideen? 147
17 Wie man Mathematik lehrt 157
18 Die Gemeinschaft der Mathematiker 167
19 Schweine und Lastwagen 177
20 Freud und Leid der Zusammenarbeit 187
21 Ist Gott Mathematiker? 195
Anmerkungen und Literatur 203

Vorwort zur deutschen Ausgabe

Mathematik ist ein internationales Fachgebiet, und Deutschland zählt auf diesem Feld zu den führenden Nationen; daher bin ich hocherfreut, dass *Letters to a Young Mathematician* nun in einer deutschen Übersetzung vorliegt. Bildungssysteme unterscheiden sich von einem Land zum anderen, aber in dem Buch geht es nicht um formale Ausbildungsgänge, ob schulischer oder universitärer Natur. Vielmehr greift es wichtige Fragen auf, die sich jedem jungen Menschen, der sich für die Mathematik begeistert, stellen dürften: Sollte ich meine mathematische Ausbildung an der Universität fortsetzen – oder lieber ein anderes Studienfach wählen? Wird mir ein abgeschlossenes Mathematikstudium zu einem guten Job verhelfen? Welche Zweige der Mathematik sollte ich wählen? Lohnt es sich, in die Forschung zu gehen, und wie kommt man zu einem geeigneten Forschungsthema? Was erwartet einen Forschungsneuling an einem etablierten mathematischen Institut? Und wie stellt sich das Leben als Berufsmathematiker dar?

Viele der Briefe in dem Buch beleuchten noch allgemeinere Fragen – Fragen, die sich jedem stellen, der sich für Mathematik interessiert. Was ist überhaupt Mathematik? Wie entwickelt sie sich weiter? Gibt es noch bedeutsame ungelöste Probleme? Kann man heute nicht alles mit dem Computer lösen? Wie fühlt es sich an, Mathematiker zu

sein? Und wo kommen in der Mathematik die neuen Ideen her?

Als junger Mathematikdozent habe ich ein Jahr in Deutschland an der Universität Tübingen verbracht. Die dort gemachten Erfahrungen haben einen prägenden Einfluss auf meine weitere Karriere ausgeübt, und ich habe zudem eine ganze Menge über das deutsche Bildungssystem, über die Menschen und über das Land selbst gelernt. In meine Ratschläge an „Meg", die junge Mathematikerin, an die sich die Briefe richten, sind einige der damaligen Lektionen eingeflossen.

Mathematik zählt zu den wichtigsten Betätigungsfeldern des Menschen, und für die Welt, in der wir heute leben, ist sie unverzichtbar. Bedauerlicherweise scheinen dies außerhalb des Berufszweiges nur wenige zu verstehen – was insbesondere darauf beruht, dass praktisch alle mathematischen Aktivitäten hinter den Kulissen stattfinden. Infolgedessen wird talentierten jungen Mathematikern oftmals aus den falschen Gründen zu anderen Berufsentscheidungen geraten.

Ich hoffe, dass das vorliegende Buch dazu beiträgt, diese Missverständnisse zu bekämpfen, indem es jene jungen Menschen von heute, welche die Mathematiker von morgen werden könnten, ausdrücklich ermutigt – ohne dabei auf ein paar sanfte Warnungen zu verzichten. Vielleicht ist dies in einem Land, das von den Ergebnissen der internationalen PISA-Studie und den darin aufgedeckten Mängeln der Schülerleistungen gerade im mathematischen Bereich erschreckt ist, von besonderem Nutzen.

Coventry, November 2006   Ian Stewart

Vorwort zur Originalausgabe

»Für einen professionellen Mathematiker ist es eine melancholisch stimmende Erfahrung, sich selbst beim Schreiben über Mathematik zu ertappen.« Mit diesen Worten eröffnete der große englische Mathematiker Godfrey Harold Hardy von der Universität Cambridge seinen 1940 erschienenen Klassiker *A Mathematician's Apology* („Entschuldigung eines Mathematikers").

Einstellungen wandeln sich. Heute glauben Mathematiker nicht mehr, dass sie sich bei der Welt entschuldigen müssen. Und viele von ihnen sind überzeugt, dass das Schreiben *über* Mathematik mindestens genauso wertvoll ist wie das Schreiben *der* Mathematik, worunter Hardy neue Mathematik, neue Forschung, neue Theoreme verstand. Tatsächlich haben viele von uns das Gefühl, dass es sinnlos ist, neue Theoreme zu erfinden, wenn die Öffentlichkeit nichts von ihnen erfährt – natürlich nicht die Details, aber doch die allgemeine Zielrichtung. Insbesondere gilt es zu vermitteln, dass neue Mathematik fortlaufend entwickelt wird und worin ihr Nutzen besteht.

Auch die Welt hat sich seit Hardys Zeiten verändert. Ein typischer Arbeitstag von Hardy bestand aus höchstens vier Stunden intensiven Nachdenkens über Forschungsprobleme; die restlichen Stunden wurden dann von Cricketspiel-Besuchen, seiner großen nichtmathematischen Leidenschaft, und Zeitunglesen in Beschlag genommen.

Gelegentlich muss er wohl auch etwas Zeit für seine Studenten eingeplant haben, aber was seine persönlichen Angelegenheiten betraf, war er sehr verschwiegen. Ein typischer Arbeitstag eines modernen Akademikers währt zehn bis zwölf Stunden und beinhaltet neben Lehrverpflichtungen, der Beantragung von Forschungsstipendien und der eigentlichen Forschung ein hohes Maß an sinnloser Bürokratie, die verhindert, dass man sich mit irgendetwas Kreativem befassen kann.

Hardy war ein typischer Vertreter einer bestimmten Spielart des englischen Akademikers. Er setzte sich selbst hohe, aber eng umrissene Standards. Er schätzte das von ihm ausgewählte Gebiet wegen seiner inneren Eleganz und Logik und nicht wegen äußerer Zweckmäßigkeiten. Er war stolz darauf, dass keine seiner Arbeiten irgendeinen Nutzen für die Kriegsführung haben konnte – eine Position, mit der die meisten von uns sympathisieren können, besonders wenn man daran denkt, dass sein Buch während der Anfangsjahre des Zweiten Weltkrieges veröffentlicht wurde.

Hardy wäre sicher entsetzt, wenn man ihn heute wiederbelebte und er erführe, dass seine geliebte Zahlentheorie eine zentrale Rolle in der mathematischen Theorie der Kryptografie spielt, die ganz offensichtlich militärischen Nutzen hat. Der Spielfilm *Enigma* zeichnet ein romantisierendes Bild der Zeit, als sich diese Verknüpfung in der für den Krieg entscheidenden Arbeit der Codeknacker in Bletchley Park abzuzeichnen begann. Der Bekannteste unter ihnen war die tragische Figur Alan Turing – ein Vertreter der reinen wie der angewandten Mathematik und Pionier auf dem Gebiet der Computerwissenschaften –, der Selbstmord beging, weil er als Homosexueller verfolgt wurde, denn damals stand diese sexuelle Orientierung unter Strafe und wurde als Schande angesehen. Auch die Moralvorstellungen verändern sich.

Hardys klassisches Juwel wirft ein bezeichnendes Licht auf die Art und Weise, wie Mathematiker im Jahre 1940 sich selbst und ihren Gegenstand sahen. Das Buch enthält wichtige Lehren für jeden werdenden Mathematiker, aber einige dieser Lehren werden von den überholten Einstellungen des Buches verzerrt – zum Beispiel von der falschen Annahme, Mathematik sei ein ausschließlich männliches Revier. Das Buch ist immer noch lesenswert, sofern man Hardys Meinungen in ihrem historischen Zusammenhang betrachtet und nicht davon ausgeht, alle seien heute noch gültig.

Warum (gerade) Mathematik? ist mein Versuch, einige Teile von *A Mathematician's Apology* auf den heutigen Stand zu bringen, insbesondere jene, die die Entscheidung eines jungen Menschen beeinflussen könnten, der einen Abschluss in Mathematik anstrebt und Karriere auf diesem Gebiet machen will. Die Briefe richten sich an *Meg* und begleiten ihre Karriere in einigermaßen chronologischer Abfolge von der Schule bis zur ersten festen Stelle an der Universität. In den Briefen wird eine Vielzahl von Themen angesprochen – von grundlegenden Karriereentscheidungen bis hin zur Arbeitsphilosophie professioneller Mathematiker und dem Wesen ihres Faches. Meine Absicht ist es, nicht nur praktische Ratschläge, sondern auch Einblicke in den mathematischen Betrieb zu geben und zu erklären, was es *wirklich* bedeutet, Mathematikerin oder Mathematiker zu sein.

Aus diesem Grund wenden sich viele meiner Ausführungen auch an ein breiteres Publikum, für das auch Hardy schrieb: an alle, die sich für Mathematik und ihre Beziehungen zur menschlichen Gesellschaft interessieren. Was ist Mathematik? Wofür ist sie gut? Wie kann man sie erlernen? Wie kann man sie lehren? Ist Mathematik eine einsame Beschäftigung oder auch eine soziale Gruppenaktivität? Wie arbeitet das mathematische Gehirn? Und in

welche Richtung wird sich die Mathematik weiterentwickeln?

Ich hätte *Warum (gerade) Mathematik?* wohl nie geschrieben, wenn es nicht Basic Books und die von diesem Verlag herausgegebene wundervolle Ratgeberserie gäbe, zu der dieses Buch gehört. Das Buch profitierte vom Rat meines Lektors Bill Frucht, der sicherstellte, dass ich beim Thema blieb und mich verständlich ausdrückte. Die Lesergruppe, an die ich vor allem denke, sind junge Mathematikinteressierte und Studierende der Mathematik, ihre Eltern, Verwandten und Freunde. Das Buch sollte all jene ansprechen, die daran interessiert sind zu erfahren, was es bedeutet, eine Mathematikerin oder ein Mathematiker zu sein oder zu werden, selbst wenn sie persönlich keine Ambitionen in diese Richtung haben.

Coventry, September 2005 Ian Stewart

✉ Warum Mathematik? 1

Liebe Meg,

wie Du wahrscheinlich schon geahnt hast, war ich sehr glücklich über Deine Absicht, Mathematik zu studieren, denn das bedeutet, dass all die Wochen nicht vergeudet sind, die Du vor ein paar Jahren damit zugebracht hast, immer wieder *Die Zeitfalte* zu lesen, und auch nicht all die Stunden, in denen ich versuchte, Dir Hyperwürfel und höhere Dimensionen zu erklären. Statt Deine Fragen in der Reihenfolge zu beantworten, in der Du sie gestellt hast, will ich zuerst auf die praxisnächste unter ihnen eingehen: Gibt es jemanden außer mir, der mit Mathematik seinen Lebensunterhalt verdienen kann?

Die Antwort wird viele überraschen. Meine Universität machte vor ein paar Jahren eine Umfrage unter ihren Absolventen und fand heraus, dass von all den verschiedenen Abschlüssen Mathematik zum höchsten Durchschnittseinkommen führte. Allerdings fand diese Umfrage vor der Gründung der neuen medizinischen Fakultät statt; dennoch zerstört sie einen Mythos − nämlich dass man mit Mathematik keinen gut bezahlten Job bekommt.

In Wahrheit begegnen wir Mathematikern überall und tagtäglich, aber wir nehmen diese Tatsache kaum wahr. Frühere Studenten von mir leiten heute Brauereien oder eigene Elektronikfirmen, sie entwerfen Autos, schreiben Computersoftware und handeln mit Futures am Aktien-

markt. Es kommt uns einfach nicht in den Sinn, dass der Direktor unserer Bank ein Diplommathematiker sein könnte oder dass die Firmen, die DVDs oder MP3-Player erfinden oder herstellen, eine große Anzahl Mathematiker beschäftigen. Genauso wenig denken wir daran, dass die Technologie, die uns die fantastischen Bilder der Saturnmonde übermittelt, zu großen Teilen auf Mathematik beruht. Wir wissen, dass unser Arzt einen Abschluss in Medizin hat und unser Rechtsanwalt in Jura, denn beides sind spezifische, klar definierte Berufe, die auch eine spezifische Ausbildung erfordern. Aber Du wirst nirgendwo Messingschilder an Hauswänden finden, die für einen zugelassenen Mathematiker werben, der gegen eine hohe Gebühr jedes mathematische Problem löst, bei dem Du Hilfe benötigst.

Unsere Gesellschaft bedient sich einer beeindruckenden Menge Mathematik, doch dies geschieht hinter den Kulissen. Der Grund dafür ist einfach: Da gehört sie hin. Wenn Du Auto fährst, willst Du Dir keine Sorgen wegen all der komplizierten Mechanik machen, die es zum Laufen bringt. Du willst einfach einsteigen und losfahren. Natürlich bist Du eine bessere Fahrerin, wenn Dir die Grundlagen der Automechanik klar sind, aber unbedingt erforderlich ist das nicht. Gleiches gilt für die Mathematik. Du möchtest, dass Dir das Navigationssystem in deinem Auto den Weg weist, ohne dass Du selbst die Berechnungen anstellen musst. Du möchtest, dass Dein Telefon funktioniert, ohne dich in Signalverarbeitung und Fehlerkorrekturcodes einarbeiten zu müssen.

Aber es muss einige Menschen geben, die diese Mathematik beherrschen, denn sonst würde keines jener Wunderwerke funktionieren. Es wäre großartig, wenn der Rest der Menschheit sich bewusst machte, wie sehr wir in unserem täglichen Leben auf Mathematik angewiesen sind. Doch wenn man die Mathematik hinter den Kulissen

versteckt, ist es kein Wunder, dass viele Menschen nicht die leiseste Ahnung von ihrer Existenz haben.

Manchmal denke ich, der beste Weg, die öffentliche Haltung gegenüber der Mathematik zu verändern, wäre, einen roten Aufkleber auf allem anzubringen, das mit Mathematik zu tun hat: „Math inside." Natürlich wäre dann auf jedem Computer ein solcher Aufkleber, und wir müssten – wenn wir den Vorschlag wörtlich nähmen – auch auf jedem Mathematiklehrer einen anbringen. Diesen roten Mathematik-Sticker sollten wir auch auf jedes Flugticket kleben, jedes Telefon, jedes Auto, jedes Flugzeug, jede Verkehrsampel, jedes Gemüse ….

Gemüse?

Allerdings. Die Zeiten, in denen die Bauern schlichtweg nur das anpflanzten, was ihre Väter und Vorväter angepflanzt hatten, sind lange vorbei. Fast jede Pflanze, die Du kaufen kannst, ist das Ergebnis langer und komplizierter kommerzieller Züchtungen. Der ganze Bereich des „experimentellen Designs" im mathematischen Sinn wurde im frühen 20. Jahrhundert erfunden, um neue Pflanzenzüchtungen systematisch erfassen zu können – ganz zu schweigen von den neueren Methoden genetischer Modifikation.

Moment mal. Ist das nicht Biologie?

Natürlich ist es Biologie. Aber auch Mathematik. Die Genetik war einer der ersten Zweige der Biologie, die sich der Mathematik zuwandten. Das Humangenomprojekt (Human Genome Project) war erfolgreich, weil viele Biologen kluge Arbeit geleistet hatten, aber ein wichtiger Bestandteil des gesamten Projekts war auch die Entwicklung leistungsfähiger mathematischer Methoden, um die Ergebnisse der Experimente zu analysieren und aus sehr fragmentarischen Daten exakte Gensequenzen zu rekonstruieren.

Also, auch Gemüse bekommt einen roten Aufkleber. Nahezu alles, was es gibt, erhält einen roten Aufkleber.

Gehst Du ins Kino? Magst Du Spezialeffekte? *Star Wars, Herr der Ringe?* Alles Mathematik. Der erste Spielfilm, der vollständig computeranimiert war (*Toy Story*), führte zur Veröffentlichung von über 20 mathematischen Forschungsberichten. „Computergrafik" − das ist nicht einfach ein Computer, der Bilder produziert; es handelt sich vielmehr um mathematische Methoden, die diese Bilder realistisch aussehen lassen. Um das hinzubekommen, benötigt man dreidimensionale Geometrie, die Mathematik des Lichtes, die Berechnung des „Dazwischen", um eine glatte Folge von Bildern zwischen einem Anfang und einem Ende zu interpolieren, und vieles mehr. „Interpolation" ist ein mathematisches Konzept. Computer sind kluge Technik, aber ihnen gelingt nichts Nützliches ohne eine Menge ausgeklügelter Mathematik. Roter Aufkleber.

Und dann ist da natürlich das Internet. Wenn überhaupt irgendetwas Gebrauch von Mathematik macht, dann das Internet. Die im Augenblick führende Suchmaschine Google basiert auf einer mathematischen Methode, die herausfindet, welche Websites am wahrscheinlichsten die Information enthalten, die von einem Nutzer benötigt wird. Google basiert auf Matrizenalgebra, Wahrscheinlichkeitstheorie und der Netzwerkkombinatorik.

Aber die Mathematik des Internets reicht noch weiter. Das Telefonnetz beruht auf Mathematik. Früher verbanden Telefonistinnen Anrufer im wörtlichen Sinne miteinander, indem sie Telefonleitungen von Hand zusammensteckten. Heutzutage müssen solche Leitungen Millionen von Botschaften gleichzeitig transportieren. Es gibt so viele Menschen, die mit ihren Freunden sprechen, Faxe verschicken oder im Internet surfen wollen, dass die Telefonleitungen, die subozeanischen Kabel und die Satellitenrelais gemeinsam und gleichzeitig genutzt werden müssen, denn sonst könnte das Netzwerk all diesen Verkehr gar nicht bewältigen. Also wird jede Unterhaltung in Tausende und Aber-

tausende kleiner Fragmente zerlegt, und nur ein Fragment von 100 wird tatsächlich übermittelt. Am anderen Ende werden die fehlenden 99 Teile wiederhergestellt, indem man die Lücken so glatt wie möglich auffüllt. (Das funktioniert, weil die Fragmente, obwohl sie kurz sind, in sehr geringen Abständen ankommen, sodass sich der Klang, den Du beim Sprechen produzierst, sehr viel langsamer verändert als die Intervalle zwischen den Teilchen.) Ach ja, und das gesamte Signal ist verschlüsselt, damit eventuelle Übermittlungsfehler nicht nur entdeckt, sondern am anderen Ende auch korrigiert werden können.

Moderne Kommunikationssysteme könnten ohne eine riesige Menge Mathematik gar nicht arbeiten: Verschlüsselungstheorie, Fourier-Analyse, Signalverarbeitung ...

Wie dem auch sei: Du gehst also ins Internet, um ein Flugticket zu kaufen, Du buchst Deinen Flug, erscheinst am Flughafen, besteigst Dein Flugzeug, und los geht's. Das Flugzeug fliegt, weil die Ingenieure, die es entwickelt haben, die Mathematik des Strömungsverhaltens von Gasen, die Aerodynamik, verwendet haben, um sicherzustellen, dass es auch oben bleibt. Es navigiert, indem es ein globales Positionierungssystem (GPS) benutzt, ein Satellitensystem, dessen Signale Dir nach einer mathematischen Analyse Deinen Standort bis auf den Meter genau mitteilen. Die Flüge müssen geplant werden, sodass jedes Flugzeug an dem Ort ist, wo es gerade gebraucht wird, und nicht auf der anderen Seite des Globus – und diese Planung erfordert wiederum ganz andere Bereiche der Mathematik.

So ist das also, meine liebe Meg. Du hast mich gefragt, ob Mathematiker alle in Universitäten weggeschlossen werden oder ob manche von ihnen auch Arbeit im wirklichen Leben verrichten: Dein gesamtes Leben tanzt wie ein kleines Boot auf einem gewaltigen Ozean von Mathematik.

Aber das bemerkt kaum jemand. Wir verstecken die Mathematik und fühlen uns wohl dabei. Aber das wertet die Mathematik ab. Es ist eine Schande. Es verleitet die Menschen zu dem Glauben, Mathematik sei nicht nützlich, sie bedeute nichts, sie sei nur ein intellektuelles Spiel ohne tieferen Sinn. Daher sähe ich gerne überall diese roten Aufkleber. Das einzige Gegenargument ist die Tatsache, dass ein Großteil des Planeten dann beklebt wäre.

Deine dritte Frage war die wichtigste und die traurigste. Du hast mich gefragt, ob Du Deinen Sinn für Schönheit aufgeben müsstest, um Mathematik zu studieren, ob dann Dein ganzes Leben aus Zahlen und Gleichungen, Gesetzen und Formeln bestünde. Ich tadele Dich nicht für diese Frage, Meg, denn leider haben viele Menschen diese Vorstellung – aber sie ist völlig falsch. Das genaue Gegenteil ist wahr.

Ich will Dir sagen, was Mathematik für mich bedeutet: Sie macht mir die Welt, in der ich lebe, auf eine ganz neue Art bewusst. Sie öffnet meine Augen für die Gesetze und Muster der Natur. Sie bietet eine völlig neue Erfahrung von Schönheit.

Wenn ich zum Beispiel einen Regenbogen sehe, dann nehme ich nicht einfach einen hellen, bunten Bogen am Himmel wahr. Ich sehe nicht nur einfach, wie Regentropfen auf Sonnenlicht reagieren, wie sie das weiße Licht der Sonne in seine Farben aufspalten. Ich finde Regenbogen immer noch schön und inspirierend, aber ich weiß es auch zu würdigen, dass Regenbogen mehr sind als pure Lichtbrechung. Die Farben sind eine falsche Fährte. Wirklich erklärungsbedürftig wären die Form und die Helligkeit. Warum ist ein Regenbogen ein kreisförmiger Bogen? Warum ist das Licht des Regenbogens so hell?

Vielleicht hast Du über diese Fragen noch nicht nachgedacht. Du weißt, dass ein Regenbogen entsteht, wenn das Sonnenlicht von winzigen Wassertropfen gebrochen wird,

wobei jede Farbe des Lichtes in einem leicht unterschiedlichen Winkel abgelenkt wird und von den Regentropfen ins Auge des Betrachters fällt. Aber wenn dies schon das ganze Geheimnis eines Regenbogens wäre, warum überlappen sich dann die Milliarden unterschiedlich gefärbter Lichtstrahlen nicht und verschmieren?

Die Antwort findet sich in der Geometrie des Regenbogens. Wenn das Licht in einem Regentropfen hin- und herprallt, dann zwingt die kugelförmige Form des Tropfens das Licht dazu, ihn gebündelt in eine bestimmte Richtung zu verlassen. Jeder Tropfen strahlt daher einen hellen Lichtkegel ab, oder anders gesagt: Jede Farbe des Lichtes formt ihren eigenen Kegel, und der Winkel des Kegels unterscheidet sich leicht von Farbe zu Farbe. Wenn wir einen Regenbogen betrachten, dann entdecken unsere Augen lediglich die Kegel, die aus Regentropfen kommen, welche in bestimmten Richtungen angeordnet sind, und für jede Farbe bilden diese Richtungen einen Kreis am Himmel. Also sehen wir eine Menge konzentrischer Kreise – einen für jede Farbe.

Der Regenbogen, den Du siehst, und der, den ich sehe, werden von unterschiedlichen Regentropfen erschaffen. Unsere Augen befinden sich an verschiedenen Orten, daher entdecken wir verschiedene Kegel, die von verschiedenen Regentropfen produziert werden.

Regenbogen sind personengebunden.

Manche Leute glauben, diese Auffassung „verderbe" die emotionale Erfahrung. Das ist Blödsinn. Darin zeigt sich eine deprimierende Spielart ästhetischer Selbstgefälligkeit. Menschen, die solche Stellungnahmen abgeben, tun oft so, als seien sie poetisch veranlagte Charaktere, die den Wundern der Welt mit offenen Augen gegenübertreten, tatsächlich aber leiden sie unter einem ernsthaften Mangel an Neugierde: Sie weigern sich anzuerkennen, dass die Welt wunderbarer ist als ihr eigenes begrenztes Vor-

stellungsvermögen. Die Natur ist immer tiefgründiger, reichhaltiger und interessanter, als Du Dir gedacht hast, und die Mathematik eröffnet Dir einen idealen Weg, dies zu würdigen. Die Fähigkeit zu *verstehen*, ist eine der wesentlichsten Unterschiede zwischen Menschen und anderen Tieren, und das sollten wir wertschätzen. Viele Tiere haben Gefühle, aber soweit wir wissen, denken nur Menschen rational. Ich behaupte, mein Wissen über die Geometrie des Regenbogens fügt seiner Schönheit eine neue Dimension hinzu. Es nimmt nichts vom emotionalen Erlebnis weg.

Der Regenbogen ist nur ein Beispiel. Ich betrachte auch Tiere ganz anders, wenn ich mir der mathematischen Muster bewusst bin, die ihren Bewegungen zugrunde liegen. Schaue ich mir einen Kristall an, dann bin ich mir der Schönheit seines atomaren Gitters ebenso bewusst wie des Charmes seiner Farben. Ich sehe Mathematik in Wellen und Sanddünen, in Sonnenauf- und -untergängen, in Regentropfen, die in eine Pfütze platschen, selbst in Vögeln, die auf Telefonleitungen hocken. Und ich bin mir – undeutlich, als ob ich über einen dunstigen Ozean schaute – der Unendlichkeit derjenigen Dinge bewusst, die wir über diese alltäglichen Wunder *nicht* wissen.

Außerdem ist da die innere Schönheit der Mathematik, die man nicht unterschätzen sollte. Mathematik, „um ihrer selbst willen" betrieben, kann außerordentlich schön und elegant sein. Damit meine ich nicht das „Rechnen", das wir alle in der Schule lernen; einzeln betrachtet sind diese Operationen hässlich und formlos, obwohl die allgemeinen Prinzipien, die hinter ihnen stecken, ihre eigene Schönheit besitzen. Was die Schönheit der Mathematik wirklich ausmacht, das sind die Ideen, das Allgemeingültige, die blitzartigen Einsichten. Da ist die Erkenntnis, dass der Versuch, einen Winkel mit Lineal und Zirkel in drei gleiche Teile zu teilen, dem Versuch ähnelt nachzuwei-

sen, dass 3 eine gerade Zahl ist; dass es absolut schlüssig ist, wenn man kein regelmäßiges Vieleck mit sieben Seiten, aber eines mit 17 Seiten konstruieren kann; dass es keine Möglichkeit gibt, einen Überhandknoten aufzulösen; dass einige Unendlichkeiten größer sind als andere, während einige, die größer sein sollten, tatsächlich gleich groß sind; dass die *einzige* Quadratzahl (außer 1, wenn Du es ganz genau nimmst), die aus der Summe aufeinander folgender Quadratzahlen $(1 + 4 + 9 + \dots)$ besteht, die Zahl $4\,900$ ist.

Du, Meg, hast das Potenzial zu einer fähigen Mathematikerin. Du hast einen logischen und gleichzeitig fragenden Verstand. Man kann Dich nicht mit unklaren Argumenten überzeugen; Du willst die Einzelheiten sehen und überprüfen. Du willst nicht nur wissen, wie die Dinge funktionieren, Du willst wissen, *warum*. Und Dein Brief stimmt mich hoffnungsfroh, dass Du die Mathematik so sehen wirst wie ich – als etwas Faszinierendes und Schönes, als einen unvergleichlichen Weg, die Welt zu betrachten.

Ich hoffe, die Bühne ist nun für Dich bereitet.

Dein Jan

✉ Wie ich beinahe Rechtsanwalt geworden wäre

2

Liebe Meg,

Du fragst, wie ich zur Mathematik gekommen bin. Wie bei jedem anderen war es eine Mischung aus Talent (es hat keinen Zweck, bescheiden zu tun), Ermutigung und der richtigen Art von Zufall – oder genauer: der Rettung vor der falschen Art von Zufall.

Ich war von Anfang an gut in Mathematik, aber als ich sieben war, wurde mir das Fach beinahe für den Rest meines Lebens vermiest. In einem Mathematiktest sollten wir Zahlen subtrahieren, aber ich tat das Gleiche wie in den Wochen zuvor und addierte sie. Folgerichtig bekam ich eine Sechs und gehörte ab jetzt zu den Schlechtesten der Klasse. Da die anderen Kinder dieser Gruppe in Mathematik hoffnungslose Fälle waren, machten wir nichts Interessantes. Ich wurde nicht gefordert und langweilte mich.

Ein Knochenbruch und meine Mutter retteten mich.

Auf dem Spielplatz schubste mich ein anderes Kind beim Spiel zu Boden, und ich brach mir das Schlüsselbein. Ich konnte fünf Wochen nicht zur Schule gehen. Daher entschied meine Mutter, das Beste aus dieser Zeit zu machen. Sie lieh sich in der Schule das Mathematikbuch aus, und wir arbeiteten die Kapitel durch. Da ich nicht schreiben konnte – meine rechte Hand lag in der Schlinge –, diktierte ich ihr die Zahlen, und sie schrieb sie ins Übungsbuch.

Meine Mutter war beim Thema Schule ziemlich empfindlich. Ihre eigene Schullaufbahn war durch die falschen guten Absichten eines wohlmeinenden, aber fantasielosen Schulinspektors weitgehend ruiniert worden. Weil sie sehr schnell begriff, konnte sie einige Klassen überspringen und saß als Achtjährige in einer Klasse von Zehnjährigen. Der Schulinspektor kam eines Tages in den Unterricht und beobachtete die Klasse; er fragte das intelligente kleine Mädchen, das alle Fragen beantworten konnte: „Wie alt bist du, Kleines?" „Acht!" Nachdem er diese Antwort gehört hatte, wies er den Schulleiter an, dieses kluge kleine Mädchen drei aufeinander folgende Jahre in der gleichen Klassenstufe verweilen zu lassen, bis auch die anderen Kinder seines Alters diese Stufe erreicht hätten. Er wollte der Schullaufbahn meiner Mutter nicht im Wege stehen, er machte sich nur Sorgen, dass sie sozial den Boden unter den Füßen verlieren könnte. Aber da meine Mutter den gleichen Stoff drei Jahre lang wiederholen musste, verlor sie das Interesse an der Schule. Sie lernte nur das Schwänzen.

Später begriff sie, was geschehen war, aber da war es bereits zu spät. Sie wollte Englischlehrerin werden, war aber in der Chemieprüfung durchgefallen. Im England jener Jahre konnte man keine Lehrerausbildung anfangen, wenn man auch nur in einem Fach durchgefallen war, selbst wenn dieses völlig unwichtig für das Fach war, das man unterrichten wollte.

Meine Mutter war entschlossen, dass mir nichts dergleichen passieren sollte. Sie wusste, dass ich klug war, denn sie hatte mir das Lesen bereits im Alter von drei Jahren beigebracht. Nachdem wir 400 Mathematikaufgaben bearbeitet hatten und ich davon 396 richtig gelöst hatte, ging sie mit dem Übungsbuch in die Schule, zeigte es dem Schulleiter und forderte meine Versetzung in die Spitzengruppe der Mathematikklasse.

Als mein Schlüsselbeinbruch ausgeheilt war, ging ich wieder zur Schule. Ich war dem Rest der Klasse in Mathematik zehn Wochen voraus. Wir hatten es ein bisschen übertrieben. Zum Glück litt ich nicht zu sehr, während die Klasse den Stoff aufholte.

Mein Mathematiklehrer, der mich vor dem Unfall unterrichtet hatte, war kein schlechter Lehrer. Er war ein freundlicher Mann, aber er besaß nicht genug Fantasie, um zu begreifen, dass er mich in die falsche Gruppe eingeordnet hatte und drauf und dran war, meiner Schullaufbahn zu schaden. Ich hatte beim Test eine Sechs erhalten, weil ich unaufmerksam war, nicht weil ich den Stoff nicht verstanden hätte. Wenn er mir ganz einfach gesagt hätte, ich solle die Fragen sorgfältig lesen, dann hätte ich es kapiert.

Damals hatte ich viel Glück – vor allem wegen des Einfühlungsvermögens meiner Mutter und ihrer Bereitschaft, für mich zu kämpfen. Doch ich bin auch meinem Klassenkameraden zu Dank verpflichtet, der mich ins Krankenhaus befördert hatte. Es war natürlich unabsichtlich geschehen – wir schubsten uns dauernd herum –, aber der Unfall war meine mathematische Rettung.

Danach hatte ich mehrere wirklich ausgezeichnete Mathematiklehrer. Und die sind, glaube es mir, wirklich dünn gesät. Einer von ihnen hieß W. E. B. Beck (wir nannten ihn „Spinne"), und sein Mathematiktest jeden Freitag war eine altehrwürdige Einrichtung.

Diese Tests waren nicht leicht. 20 Punkte konnte man erreichen, und die Punktzahlen der einzelnen Schüler wurden Woche für Woche addiert. Die Schüler, die gut in Mathematik waren, bemühten sich verzweifelt, die Nummer 1 des Jahrgangs zu werden, die anderen *waren* einfach verzweifelt. Ich bin mir nicht sicher, ob dies eine akzeptable pädagogische Methode war – eigentlich ist mir klar, dass sie es nicht war –, aber der Wettbewerb war gut für mich und einige meiner Klassenkameraden.

Eine von Becks Regeln lautete: Wenn man einen Test versäumte, erhielt man null Punkte – selbst bei Krankheit. Entschuldigungen wurden nicht akzeptiert. Also mussten diejenigen von uns, die im Rennen waren, jeden möglichen Punkt erreichen. Wir brauchten einen Puffer, solange man nicht mehr als 20 Punkte Vorsprung hatte, war man nicht in Sicherheit. Daher verlor man ganz einfach keine Punkte, indem man dumme Fehler machte. Man las jede Frage genau durch, stellte sicher, dass man das tat, was man tun sollte, überprüfte das Ergebnis und überprüfte es dann ein zweites Mal.

Mit 16 hatte ich einen Mathematiklehrer namens Gordon Radford. Normalerweise war er schon glücklich, wenn er einen Schüler hatte, der Talent für Mathematik besaß, aber in meiner Klasse gab es sechs davon. Also verbrachte er seine gesamte Freizeit damit, uns Mathematik außerhalb des Lehrplanes zu vermitteln. Während der normalen Mathematikstunden setzte er uns nach hinten und ließ uns Hausaufgaben machen – nicht nur in Mathematik, sondern jede Art von Hausaufgaben. Und wir sollten die Klappe halten. Diese Stunden wurden nicht für uns gehalten; wir sollten den anderen eine Chance geben.

Mr. Radford öffnete mir die Augen für das, was Mathematik wirklich ist – andersartig, schöpferisch, voll Neuem und Originellem. Und er tat noch etwas Entscheidendes für mich.

In diesen Jahren gab es eine öffentliche Eingangsprüfung für ein staatliches Stipendium, das State Scholarship, das eine Finanzierung des Studiums ermöglichte. Man hatte zwar noch keinen Studienplatz, aber ein State Scholarship war ein großer Schritt in die richtige Richtung. Im letzten Jahr, bevor das State Scholarship abgeschafft wurde, waren ich und zwei Freunde noch zu jung für das Examen. Daher musste Mr. Radford den Schulleiter über-

zeugen, uns ein Jahr früher zur Prüfung zuzulassen – was der Schulleiter sonst nie erlaubte. Eines Morgens, als meine beiden Freunde und ich in die Schule kamen, forderte uns Mr. Radford auf, uns dem Jahrgang vor uns anzuschließen, um ein Probeexamen für das State Scholarship in Mathematik abzulegen. Eine Trockenübung. Die älteren Jugendlichen hatten ein Jahr länger Mathematikunterricht gehabt und seit Wochen geübt; wir hatten eine Vorwarnzeit von fünf Minuten. Aber in der Prüfung war ich schließlich der Beste, und meine Freunde belegten den zweiten und dritten Platz.

Somit hatte der Schulleiter keine andere Wahl, als uns zur Prüfung zuzulassen. Denn schließlich ließ er auch die älteren Schüler zu, und wir hatten bewiesen, dass wir besser vorbereitet waren als sie.

Wir erhielten alle drei ein Stipendium.

Zu diesem Zeitpunkt nahm Mr. Radford Kontakt mit David Epstein auf, den er einige Jahre zuvor unterrichtet hatte und der nun Mathematik an der Universität von Cambridge lehrte – neben Oxford die führende Universität im Vereinigten Königreich und besonders angesehen wegen ihrer mathematischen Fakultät.

„Was sollen wir mit diesem Jungen machen?", fragte Radford.

„Schick ihn zu uns", sagte Epstein.

Also begann ich Mathematik in Cambridge zu studieren, der Heimatstadt von Isaac Newton, Bertrand Russell und Ludwig Wittgenstein (neben vielen weniger bedeutenden Größen), und ich bereute es nie.

Immer wieder trifft man auf Menschen, die beruflich genauso gut etwas anderes hätten machen können. Du wirst Leute treffen, die Jura als Broterwerb betreiben, sich aber eigentlich als Romanautoren, Dramatiker oder Jazzposaunisten verstehen. Andere Menschen können sich nicht festlegen oder verstehen ihre Karrieren unter rein

praktischen Gesichtspunkten und landen schließlich im Personalmanagement oder in der Werbung. Das soll nicht heißen, dass diese Menschen sich dem, was sie tun, nicht wirklich widmen oder dass sie in ihrem Beruf keine Erfüllung finden, aber nur wenige von ihnen verstehen ihren Beruf als *Berufung*.

Niemand landet einfach so bei der Mathematik. Im Gegenteil: Mathematik ist eine Beschäftigung, von der sich selbst die Talentierten nur allzu leicht wieder abwenden. Wenn ich mir nicht das Schlüsselbein gebrochen hätte, wenn Mr. Beck nicht den kompromisslosen Wettbewerb zwischen seinen Schülern gepflegt hätte, wenn es nicht eine ungewöhnlich große Schülergruppe gegeben hätte, die Mr. Radford fördern konnte, und wenn er das nicht so aggressiv betrieben hätte – ohne all dies würde ich Dir heute vielleicht nicht schreiben, sondern Deinen Eltern erklären, wie sie mehr Steuern sparen könnten. Und niemand – und ich am wenigsten – würde ahnen, dass sich die Dinge auch anders hätten entwickeln können.

Kurzum, Meg: Du solltest von Deinen Lehrern nicht erwarten, dass sie einen kurzen Blick auf Dich werfen und sofort *sehen*, wie gescheit Du bist. Du solltest von ihnen nicht erwarten, dass sie Deine Talente mit unfehlbarer Sicherheit entdecken und wissen, wohin sie Dich führen werden. Einige Lehrer werden das schaffen, und Du wirst ihnen bis ans Ende Deiner Tage dankbar sein. Aber andere werden das bedauerlicherweise nicht können, oder es kümmert sie nicht, oder sie sind in ihren eigenen Ressentiments und Sorgen gefangen. Außerdem: Diejenigen, die in Ehrfurcht vor Deinen Gaben erstarren, sind nicht diejenigen, von denen Du letztendlich am meisten lernen wirst. Bei den besten Lehrern fühlst Du Dich gelegentlich – vielleicht sogar mehr als gelegentlich – ein wenig dumm.

✉ Die Bandbreite der Mathematik

3

Liebe Meg,

es ist nicht schwer, in Deiner Frage ein Gefühl von – na ja – vorausahnender Langeweile oder eine gewisse Sorge zu spüren, auf was Du Dich da eingelassen hast. „Das ist ja alles ziemlich interessant", sagst Du, aber Du fragst auch: „Ist das bereits alles?" Du liest Shakespeare, Dickens und T. S. Eliot im Englischunterricht und nimmst deshalb vernünftigerweise an – obwohl es sich bei ihnen nur um eine kleine Auswahl der Weltliteratur handelt –, dass es keine höhere Ebene der englischen Literatur gibt, die sich Dir noch nicht erschlossen hat. Deshalb fragst Du Dich natürlich in analoger Weise, ob die Mathematik, die Du in der Schule lernst, die Mathematik *ist*. Gibt es überhaupt irgendetwas auf höherer Ebene, abgesehen von größeren Zahlen und schwereren Berechnungen?

Was Du bisher kennen gelernt hast, ist keineswegs der Kern der Mathematik.

Mathematiker verbringen den Großteil ihrer Zeit nicht mit numerischen Berechnungen, obwohl Berechnungen manchmal unentbehrlich sind, um voranzukommen. Mathematiker sind nicht ununterbrochen damit beschäftigt, sich symbolische Formeln auszudenken, obwohl Formeln unersetzbar sein können. Die Schulmathematik, die Du erlernst, besteht hauptsächlich aus einigen einfachen Rechentricks in sehr einfachen Zusammenhängen. Wenn

Du Dich mit Tischlerei beschäftigtest, dann würdest Du zuerst lernen, mit einem Hammer umzugehen, um einen Nagel einzuschlagen, oder mit einer Säge, um ein Stück Holz zurechtzuschneiden. Du bekommst weder eine Drehbank noch einen Elektrobohrer zu sehen, Du lernst nicht, wie man einen Stuhl baut, und schon gar nicht, wie man ein völlig neuartiges Möbelstück entwirft und baut. Natürlich sind Hammer und Säge nützlich. Du kannst keinen Stuhl herstellen, wenn Du nicht weißt, wie man Holz auf die richtige Größe zurechtschneidet. Aber Du darfst nicht − nur weil Du in der Schule nicht mehr gelernt hast − davon ausgehen, dass dies schon alles ist, was die Tischler machen.

Sehr, sehr viel von dem, was man heute in der Schule „Mathematik" nennt, ist in Wirklichkeit Arithmetik − verschiedene Schreibweisen für Zahlen und Methoden des Addierens, Subtrahierens, Multiplizierens und Dividierens. Wenn Du älter wirst, bekommst Du noch andere Teile des Werkzeugkastens zu sehen − elementare Algebra, Trigonometrie, vektorielle Geometrie, vielleicht etwas Analysis. Wenn Euer Lehrplan in den 60er und 70er Jahren „modernisiert" wurde, triffst Du vielleicht auf 2×2-Matrizen und etwas Gruppentheorie. „Modernisieren" ist in diesem Zusammenhang ein seltsames Wort, denn als „moderne" Mathematik wird die Mathematik bezeichnet, die zwischen 100 und 200 Jahre alt ist, im Gegensatz zu der mehr als 200 Jahre alten Mathematik, die den Großteil der vorherigen Lehrpläne bestimmte.

Unglücklicherweise ist es nahezu unmöglich, zu den interessanteren Bereichen des Faches vorzudringen, wenn man nicht weiß, wie man Summen richtig bildet, wie man elementare Gleichungen löst oder was eine Ellipse ist. Die höchsten Stufen jeder menschlichen Aktivität erfordern ein gutes Verständnis der Grundlagen; denk an Tennis oder Geigenspielen. In der Mathematik benötigt man

ziemlich viel elementares Wissen und grundlegende Techniken. Auf der Universität wirst Du mit einem viel umfangreicheren Verständnis von Mathematik konfrontiert. Neben den bekannten Zahlen wirst Du auf komplexe Zahlen stoßen, bei denen −1 eine Quadratwurzel besitzt. Viel bedeutsamere Dinge als Zahlen werden auftauchen, zum Beispiel Funktionen − Regeln, die jeder gewählten Zahl eine bestimmte andere Zahl zuordnen − wie „Quadrat", „Kosinus", „Kubikwurzel". Du wirst nicht bloß Gleichungen mit zwei Unbekannten lösen; Du wirst die Lösungsmenge von Gleichungen mit beliebig vielen Unbekannten verstehen − falls sie überhaupt existiert, was nicht immer der Fall ist. (Versuche $x + y = 1$, $2x + 2y = 3$ zu lösen.) Du wirst lernen, wie die großen Mathematiker der Renaissance kubische und quartische Gleichungen lösten (welche die dritte und vierte Potenz einer Unbekannten enthalten), nicht nur quadratische. Du wirst anschließend wahrscheinlich herausfinden, warum solche Methoden bei quintischen Gleichungen (Gleichungen fünften Grades) versagen. Du wirst erkennen, warum dieses Versagen offensichtlich wird, wenn Du die Zahlenwerte der Lösungsmenge ignorierst und stattdessen über deren Symmetrien nachdenkst. Ebenso wirst Du erkennen, warum es wohl wichtiger ist, die Symmetrien der Lösungen zu verstehen als die Gleichungen lösen zu können.

Du wirst herausfinden, wie man das Konzept der Symmetrie in abstrakten Begriffen formalisiert. Darum geht es in der Gruppentheorie. Du wirst entdecken, warum die Euklidische Geometrie nicht die einzig mögliche ist. Anschließend wirst Du zur Topologie übergehen, bei der Kreise und Dreiecke ununterscheidbar werden. Deine Intuition wird von Möbius-Bändern auf die Probe gestellt werden, welche aus Oberflächen mit nur einer Seite bestehen, sowie von Fraktalen, deren Formen so komplex

sind, dass ihre Dimensionen aus Bruchzahlen bestehen. Du wirst Methoden kennen lernen, um Differenzialgleichungen zu lösen, und Du wirst verstehen lernen, warum die meisten Gleichungen mit solchen Methoden nicht lösbar sind; Du wirst lernen, wie sie dennoch verstanden und verwendet werden können, auch wenn Du ihre Lösungen nicht aufschreiben kannst. Du wirst herausfinden, warum jede Zahl eindeutig in Primfaktoren zerlegt werden kann; Du wirst verwirrt sein, dass die Primzahlen trotz ihrer statistischen Regelmäßigkeit keine Muster erkennen lassen; Du wirst Dich von offenen Fragen wie der Riemann'schen Vermutung verblüffen lassen. Du wirst auf verschiedene Möglichkeiten von Unendlichkeit stoßen, die wirklichen Gründe erfahren, warum π wichtig ist, und beweisen, dass Knoten existieren. Erst nach all dem wirst Du begreifen, wie abstrakt die Mathematik geworden ist, wie weit entfernt von bloßen Zahlen. Und dann werden Dich die Zahlen wieder einholen und als Schlüsselkonzept wiederkehren.

Du wirst lernen, warum Achsen schwingen und wie dies Eiszeiten beeinflusst; Du wirst Newtons Beweis verstehen, dass die Planetenbahnen elliptisch sind, und herausfinden, warum sie nicht *vollkommen* elliptisch sind, und damit die Büchse der Pandora der chaotischen Dynamik öffnen. Deine Augen werden für die ungeheure Breite der Anwendung von Mathematik geöffnet werden, von der Statistik der Pflanzenzüchtung bis zur Bahndynamik von Raumsonden, von Google bis GPS, von Meereswellen bis zur Stabilität von Brücken, von der grafischen Gestaltung in *Herr der Ringe* bis zu Handyantennen.

Du wirst anfangen zu spüren, wie viele Gegebenheiten unserer Welt ohne Mathematik unmöglich wären.

Und wenn Du diese staunenswerte Vielfalt betrachtest, dann wirst Du Dich fragen, worin eigentlich die Gemeinsamkeiten bestehen: Warum werden diese grundverschie-

denen Arten von Ideen alle Mathematik genannt? Die
Frage „Ist das schon alles?" wird von der Verblüffung abge-
löst werden, dass da so viel sein kann. So wie Du einen
Stuhl erkennen kannst, ohne ihn in einer Weise definieren
zu können, die keine Ausnahmen zulässt, so wirst Du
Mathematik erkennen, wenn Du sie siehst, aber Du wirst
sie nicht definieren können.

So soll es sein. Definitionen nageln Dinge fest, begren-
zen die Möglichkeiten von Kreativität und Vielfalt. Eine
Definition versucht, implizit alle möglichen Varianten
eines Konzepts auf eine einzige prägnante Floskel zu redu-
zieren. Mathematik hat wie alles, was sich noch in der Entwicklung befindet, die Fähigkeit zu überraschen.

Die Schulen – nicht nur Deine, Meg, sondern die auf der
ganzen Welt – sind so damit beschäftigt, Rechenvorschrif-
ten zu lehren, dass sie die Schüler nur schlecht auf die viel
interessantere und schwierigere Frage vorbereiten, was
Mathematik *ist* – meist wird sie nicht einmal gestellt. Und
obgleich Definitionen einschränken, können wir dennoch
versuchen, das Wesentliche unseres Faches einzufangen,
indem wir etwas verwenden, worauf unser menschliches
Gehirn besonders gut anspricht: Metaphern. Unsere
Gehirne arbeiten nicht wie Computer, die systematisch
und logisch vorgehen. Sie sind Metaphermaschinen, die zu
kreativen Lösungen springen und diese nachträglich mit
logischen Erklärungen stützen. Wenn ich Dir also sage,
dass eine meiner liebsten „Definitionen" von Mathematik
„die Wissenschaft bedeutsamer Formen" lautet – eine
Wendung, die von Lynn Arthur Steen stammt –, dann
spürst Du vielleicht, dass ich einen nützlichen Versuch
gemacht habe, Deine Frage in Angriff zu nehmen.

Ich mag an Steens Metapher besonders, dass sie einige
wesentliche Merkmale einfängt. Vor allem ist sie ausbaufä-
hig; sie versucht nicht festzulegen, welche Arten von Formen als bedeutsam gelten sollten oder was man unter

„Form" oder „bedeutsam" verstehen soll. Auch mag ich das Wort „Wissenschaft", denn Mathematik hat mit den Wissenschaften mehr gemein als mit den Künsten. Sie gründet sich ebenfalls auf stringente Überprüfung, nur dass diese in der Wissenschaft mit Experimenten durchgeführt wird, in der Mathematik hingegen mit Beweisen. Mathematik ist auch dadurch gekennzeichnet, dass sie unter genau festgelegten Vorgaben arbeitet: Man kann sie sich nicht so ohne weiteres ausdenken. Hier unterscheide ich mich von den Postmodernisten, die behaupten, dass alles (außer offensichtlich der Postmoderne) lediglich eine soziale Konvention sei. Die Wissenschaft besteht nach ihrer Ansicht nur aus Meinungen, denen viele Wissenschaftler anhängen. Manchmal *ist* dies der Fall – die vorherrschende Auffassung, dass die Spermienzahl bei Menschen abnehme, ist vermutlich so ein Beispiel –, meistens aber nicht. Es steht außer Frage, dass Wissenschaft eine soziale Komponente hat, sie verfügt aber auch über die Möglichkeit, experimentell eine Realitätsprüfung durchzuführen. Sogar Postmodernisten müssen einen Raum immer durch die Tür betreten, nicht durch die Wand.

Es gibt ein berühmtes Buch von Richard Courant und Herbert Robbins mit dem Titel *Was ist Mathematik?*. Wie bei den meisten Büchern, deren Titel aus einer Frage besteht, wird diese nie ganz beantwortet. Dennoch sagen die Autoren einige weise Dinge. Ihr Prolog beginnt mit den Worten:»Mathematik als ein Ausdruck des menschlichen Geistes reflektiert den aktiven Willen, die kontemplative Vernunft und den Wunsch nach ästhetischer Perfektion.« Und weiter:»Die gesamte mathematische Entwicklung hat ihre psychologischen Wurzeln in mehr oder weniger praktischen Erfordernissen. Aber nachdem sie ihren Anfang unter dem Druck von notwendigen Anwendungen genommen hat, gewinnt sie durch sich selbst an

Stoßkraft und überschreitet die Beschränkung der unmittelbaren Nützlichkeit.« Der Schlussteil des Prologs lautet: »Glücklicherweise vergisst der kreative Geist dogmatische philosophische Glaubenssätze, sobald diese konstruktive Leistungen hemmen. Für Gelehrte und Laien gleichermaßen ist es nicht die Philosophie, sondern die aktive Erfahrung in der Mathematik selbst, die einzig und allein die Frage beantworten kann: Was ist Mathematik?« Oder wie mein Freund David Tall oft sagt: „Mathematik ist kein Zuschauersport."

Einige Mathematiker sind stärker an der Philosophie ihres Faches interessiert als andere; unter den prominenten Philosophen der Mathematik finden wir Reuben Hersh. Er machte die Beobachtung, dass Courant und Robbins ihre Ausgangsfrage beantworteten, indem »sie *zeigten,* was Mathematik ist, nicht indem sie uns *sagten,* was sie ist. Nachdem ich das Buch erstaunt und entzückt gelesen hatte, blieb für mich die Frage: „Aber was ist Mathematik wirklich?"« Hersh schrieb deshalb ein Buch mit eben jenem Titel, in dem er, wie er findet, eine unkonventionelle Antwort gibt.

Herkömmlicherweise gibt es zwei Schulen der mathematischen Philosophie: den Platonismus und den Formalismus. Die Platonisten glauben, dass in einer (etwas mystischen) Weise mathematische Objekte existieren. Sie sind „dort draußen" in einer irgendwie abstrakten Sphäre. Dieses Reich bildet man sich jedoch nicht ein, denn die Fantasie ist ein menschliches Charakteristikum. Es ist in einem nicht körperlichen Sinn *real.* Der mathematische Kreis mit seinem unendlich dünnen Umfang und einem Radius, der auf unendlich viele Dezimalstellen konstant bleibt, kann keine körperliche Form annehmen. Wenn Du einen Kreis in den Sand zeichnest wie Archimedes, dann ist der Rand zu dick und sein Radius zu veränderlich. Deine Zeichnung ist nur eine Annäherung an den mathemati-

schen platonischen Kreis. Zeichnest Du ihn mit einer Diamantnadel auf eine Platinscheibe, dann hast Du dasselbe Problem.

In welchem Sinn *existiert* denn nun ein mathematischer Kreis? Und falls er es nicht tut, wie kann er dann nützlich sein? Die Platonisten sagen uns, dass der mathematische Kreis ein Ideal ist, der in dieser Welt nicht realisiert werden kann, der aber trotzdem unabhängig vom menschlichen Geist eine Realität besitzt.

Die Formalisten halten solche Aussagen für verschwommen und bedeutungslos. Der erste große Formalist war David Hilbert. Er versuchte, die gesamte Mathematik auf eine solide mathematische Basis zu stellen, indem er sie als ein bedeutungsloses Spiel mit Symbolen auffasste. Eine Aussage wie $2 + 2 = 4$ sollte von seinem Standpunkt aus nicht etwa in der Weise interpretiert werden, dass zwei Schafe, die man mit zwei weiteren Schafen einpfercht, zusammen eben vier Schafe ergeben. Sie war vielmehr das Ergebnis eines Spieles mit den Symbolen 2, 4, + und =. Aber dieses Spiel muss nach einer expliziten Liste von absolut rigiden Regeln gespielt werden.

Im philosophischen Sinn starb der Formalismus, als Kurt Gödel zum Ärgernis von Hilbert bewies, dass keine formale Theorie die Arithmetik in Gänze erfassen *und* als logisch konsistent beweisen kann. Es wird immer mathematische Aussagen geben, die außerhalb des Hilbert'schen Spieles bleiben – weder beweisbar noch widerlegbar. Jede dieser Aussagen kann den Axiomen der Arithmetik hinzugefügt werden, ohne irgendeine Inkonsistenz zu erzeugen. Für die Negation einer solchen Behauptung trifft dasselbe zu. Deshalb können wir einen solchen Satz als wahr oder als falsch erachten, und Hilberts Spiel kann in beide Richtungen gespielt werden. Insbesondere ist die Ansicht falsch, die Arithmetik sei so elementar und naturgegeben, dass sie einmalig sein müsse.

Die meisten aktiven Mathematiker haben diese Erkenntnis ignoriert, genauso wie sie den offensichtlichen Mystizismus des Platonismus ignoriert haben, vermutlich weil die interessanten Fragen in der Mathematik so sind, dass sie entweder beweisbar oder widerlegbar sind. Wenn Du Mathematik machst, dann *fühlt* es sich so an, als ob das, woran Du arbeitest, real ist. Fast ist es so, als könntest Du die Dinge aufheben, herumdrehen, zusammendrücken, über sie hinweg streichen oder sie in Stücke reißen. Auf der anderen Seite kann man oft Fortschritte machen, wenn man vergisst, was das alles bedeutet, und sich bloß darauf konzentriert, wie die Symbole tanzen. Deshalb ist die Arbeitsphilosophie der meisten Mathematiker eine weitgehend ungeprüfte Mischung aus Platonismus und Formalismus. Das ist alles schön und gut, wenn Du nur Mathematik *machen* möchtest. Wie Hersh sagt:»Mathematik kommt zuerst, dann das Philosophieren über sie, nicht andersherum.« Falls Du Dich wie Hersh aber immer noch fragst, ob es eine bessere Beschreibung der Arbeitsphilosophie gibt, dann bringt uns das wieder auf die grundlegende Frage zurück: Was ist Mathematik?

Hersh nennt seine Antwort humanistische Philosophie. Mathematik ist»eine menschliche Aktivität, ein soziales Phänomen, Teil der menschlichen Kultur, historisch bedingt und verständlich nur im sozialen Kontext«. Dies ist eine Beschreibung, keine Definition, da sie nicht den Inhalt jener Aktivität festlegt. Hershs Beschreibung klingt vielleicht postmodern, aber sie ist verständlicher als der Postmodernismus dank seiner Erkenntnis, dass die sozialen Konventionen, welche die Aktivitäten des menschlichen Geistes beherrschen, stringenten *nicht*sozialen Beschränkungen unterliegen – nämlich dass alles logisch zusammenpassen muss. Selbst wenn die Mathematiker darin übereinstimmten, dass π gleich 3 ist, würde das nicht stimmen. Nichts würde mehr einen Sinn ergeben.

Ein mathematischer Kreis ist demnach etwas mehr als nur ein verbreiteter Irrglaube. Er umfasst ein Konzept mit extrem präzisen Eigenschaften; er „existiert" insofern, als die menschliche Intelligenz aus diesen Eigenschaften andere Merkmale ableiten kann – allerdings muss der entscheidende Vorbehalt gemacht werden, dass zwei Köpfe, die mit derselben Frage beschäftigt sind, nicht zu widersprüchlichen Antworten gelangen können, sofern ihre Beweisführungen korrekt sind.

Das ist auch der Grund, warum man das Gefühl hat, als ob die Mathematik „da draußen" sei. Die Antwort auf eine offene Frage zu finden, fühlt sich wie eine Entdeckung an, nicht wie eine Erfindung. Mathematik ist ein Produkt menschlichen Geistes, das sich nicht dem menschlichen Willen beugt. Sie zu erforschen, ist wie die Entdeckung eines neuen Landstrichs – Du weißt nicht, was sich hinter der nächsten Biegung des Flusses verbirgt, und Du kannst es Dir nicht aussuchen. Du kannst nur warten und es herausfinden. Aber die mathematische Landschaft wird erst Wirklichkeit, wenn Du sie entdeckst.

Streiten zwei Mitglieder einer Kunstfakultät miteinander, sehen sie sich womöglich nicht in der Lage, zu einem Konsens zu gelangen. Streiten zwei Mathematiker – und das tun sie oft in einer hoch emotionalen und aggressiven Weise –, dann wird irgendwann einer plötzlich innehalten und sagen: „Es tut mir leid, Du hast recht, ich sehe jetzt meinen Fehler." Und sie machen sich auf den Weg zu einem gemeinsamen Mittagessen und sind wieder die besten Freunde.

Ich stimme mit Hersh in vielem überein. Du hast vielleicht den Eindruck, die humanistische Beschreibung von Mathematik sei etwas verschwommen und diese Art des „geteilten sozialen Konstrukts" eine Seltenheit. Hersh liefert aber einige Beispiele, die Deine Überzeugung ändern könnten. Ein Beispiel ist das Geld. Die ganze Welt dreht

sich um Geld, aber was ist es? Gemeint sind hier nicht Papiergeld oder Münzen, denn diese können neu gedruckt oder geprägt, bei der Bank deponiert oder vernichtet werden. Es handelt sich auch nicht um Zahlen in einem Computer: Würde Dein Computer explodieren, hättest Du dennoch Anspruch auf Dein Geld. Geld ist ein geteiltes soziales Konstrukt. Es besitzt einen Wert, weil wir alle damit einverstanden sind, dass es einen Wert haben soll.

Und wieder gibt es bedeutsame Einschränkungen: Wenn Du Deinen Bankmanager überzeugen willst, dass auf Deinem Konto mehr ist, als der Computer anzeigt, wird er wohl kaum mit den Worten reagieren: „Kein Problem, Geld ist ja nur ein soziales Konstrukt, hier haben Sie zehn Millionen Dollar. Einen schönen Tag noch."

Auch wenn wir Mathematik als ein geteiltes soziales Konstrukt betrachten, so ist es doch verlockend zu glauben, sie besitze eine Art logische Unausweichlichkeit und jedes intelligente Wesen werde auf dieselbe Mathematik stoßen. Als die Raumsonden *Pioneer* und *Voyager* in den Weltraum geschossen wurden, hatten sie verschlüsselte Botschaften der Menschheit an außerirdische Empfänger an Bord, die ihnen eines Tages begegnen könnten. Die *Pioneer* trug eine Plakette mit einer grafischen Darstellung eines Wasserstoffatoms, eine Karte nahe gelegener Pulsare zur Positionsbeschreibung unserer Sonne, die Zeichnung einer nackten Frau und eines nackten Mannes sowie ein schematisches Bild unseres Sonnensystems, um die Lage unseres Planeten zu kennzeichnen. An Bord der beiden *Voyager*-Raumsonden befanden sich Aufnahmen von Tönen, Musik und wissenschaftlichen Darstellungen.

Wäre ein außerirdischer Empfänger in der Lage, jene Botschaften zu entschlüsseln? Würde eine Zeichnung wie ○—○ für sie *wirklich* wie ein Wasserstoffatom aussehen? Was ist, wenn ihre Version der Atomtheorie auf Einteilchenwellenfunktionen beruht statt auf Bildern von primi-

tiven „Partikeln", die selbst unsere Physiker für außerordentlich ungenau halten? Würden Außerirdische die Linienzeichnungen verstehen – was selbst Menschen von entlegenen Stämmen nicht können, wenn sie solche Dinge noch nie gesehen haben? Wären Pulsare für sie wichtig? In den meisten Diskussionen über solche Fragen wird man letztendlich das Argument hören, dass jeder intelligente Außerirdische, selbst wenn er sonst nichts verstünde, einfache mathematische Muster begreifen könnte; der Rest ließe sich davon ableiten. Die unausgesprochene Annahme ist, dass die Mathematik irgendwie universell sei. Außerirdische würden 1, 2, 3 ... zählen, so wie wir es tun. Sie würden mit Sicherheit die Muster in Diagrammen wie * ** *** **** erkennen.

Ich bin davon nicht so überzeugt. Ich habe *Diamantenhunde* von Alistair Reynolds gelesen, eine Erzählung über ein außerirdisches Konstrukt, einen bizarren und furchteinflößenden Turm, durch dessen Räume man sich bewegt, indem man Rätsel löst. Ist die Antwort falsch, dann stirbt man jämmerlich. Reynolds' Geschichte ist erschreckend, aber sie baut auf der Annahme auf, dass die Außerirdischen ähnliche mathematische Rätsel stellen würden wie wir Menschen. Doch die Mathematik der Aliens ist der der Menschen *zu* ähnlich; sie umfasst Topologie und ein Gebiet aus der mathematischen Physik, die als Kaluza-Klein-Theorie bekannt ist. Genauso wahrscheinlich ist es, dass Du auf dem fünften Planeten von Proxima Centauri eine Wal-Mart-Filiale vorfindest. Ich weiß, dass die erzählerischen Darstellungszwänge erfordern, dass für den Leser die Mathematik nach Mathematik aussieht – dennoch gefällt mir das nicht.

Ich glaube, dass die Mathematik von uns Menschen enger mit unserer spezifischen Physiologie, unseren Erfahrungen und unseren psychologischen Vorlieben verknüpft ist, als wir uns das vorstellen. Sie ist beschränkt,

nicht universell. Die Punkte und Geraden der Geometrie scheinen die natürliche Basis für eine Theorie der Formen zu sein; sie sind aber auch die Merkmale, mit denen zufällig unser visuelles Wahrnehmungssystem die Welt analysiert. In dem Wahrnehmungssystem eines Außerirdischen nehmen aber vielleicht Licht und Schatten, Bewegung und Stagnation oder die Schwingungsfrequenz die erste Stelle ein. In dem Gehirn eines Alien mag Geruch oder Verlegenheit, aber nicht die Form entscheidend für die Wahrnehmung der Außenwelt sein. Diskrete Zahlen wie 1, 2, 3 scheinen für uns universell zu sein und verweisen doch nur auf unsere uralte Neigung, ähnliche Objekte zusammenzufassen, wie etwa Schafe, und sie sich in dieser Form dann anzueignen: Ist eines *meiner* Schafe gestohlen worden? Die Arithmetik scheint ihren Ursprung in zwei Dingen zu haben: der Abfolge der Jahreszeiten und dem Handel. Aber wie ist das bei den ballonartig dahinschwebenden Wesen des fernen Poseidon, eines hypothetischen riesigen Gaskörpers ähnlich dem Jupiter, deren Welt aus einem konstanten Strom von Wirbelwinden besteht und die keinen Sinn für persönliches Eigentum haben? Bevor sie bis drei zählen könnten, wäre, was auch immer sie zählten, von einer Ammoniakbrise fortgeweht. Sie hätten jedoch ein viel besseres Verständnis der Mathematik turbulenter Flüssigkeitsströmungen als wir.

Dennoch halte ich es für möglich, dass sich bei einer Kontaktaufnahme herausstellen würde, dass die Mathematik der Gaswesen und die menschliche Mathematik logisch konsistent zueinander sind. Sie könnten weit voneinander entfernte Gebiete derselben Landschaft sein. Aber auch das hängt möglicherweise von der Art der verwendeten Logik ab.

Der Glaube, dass es *eine* Mathematik gibt – nämlich unsere –, entstammt dem platonischen Glaubenssystem. Es ist möglich, dass „die" idealen Formen „dort draußen"

sind; aber es ist auch denkbar, dass „dort draußen" mehr als ein abstraktes Reich umfasst und dass ideale Formen nicht einmalig sind. Der Humanismus von Hersh wird so zu einer Philosophie der Gasgeschöpfe des Poseidon: Ihre Mathematik wäre ein soziales Konstrukt, das von allen in *ihrer* Gesellschaft geteilt wird – falls sie eine Gesellschaft haben. Wenn nicht – falls die Gaswesen nicht miteinander kommunizieren –, könnten sie dann über irgendeinen Entwurf von Mathematik verfügen? Ebenso wie wir uns eine Mathematik nicht vorstellen können, die nicht auf Zahlen beruht, so können wir uns keine „intelligente" Spezies vorstellen, deren Mitglieder nicht miteinander kommunizieren. Aber die Tatsache, dass wir uns etwas nicht vorstellen können, ist kein Beweis dafür, dass es nicht existiert.

Aber ich komme vom Thema ab. Was ist Mathematik? Aus Verzweiflung hat man vorgeschlagen: „Mathematik ist das, was Mathematiker tun." Und was sind Mathematiker? „Leute, die Mathematik betreiben." Dieses Argument ist in seiner vollkommenen Zirkularität fast platonisch. Aber lass mich eine ähnliche Frage stellen. Was ist ein Geschäftsmann? Jemand, der ein Geschäft betreibt? Nicht ganz. Es ist jemand, der die *Gelegenheit sieht*, Geschäfte zu machen, während andere sie eventuell versäumen.

Ein Mathematiker ist jemand, der die Gelegenheit sieht, Mathematik zu betreiben.

Ich bin mir ziemlich sicher, dass diese Definition stimmt; sie erfasst genau den wesentlichen Unterschied zwischen Mathematikern und allen anderen. Was ist Mathematik? Es ist ein geteiltes soziales Konstrukt von Personen, die sich einer besonderen Gelegenheit bewusst sind, und wir nennen diese Leute Mathematiker. Diese Logik ist immer noch leicht zirkulär, aber Mathematiker können einander immer an einer Art Geistesverwandtschaft erkennen. Finde heraus, was diese geistige Verbun-

denheit für Dich bedeutet; das wird ein weiterer Aspekt unseres gemeinsam geteilten Konstrukts sein.

Willkommen im Club.

✉ Ist denn nicht alles schon erledigt?

4

Liebe Meg,

in Deinem letzten Brief hast Du mich gefragt, in welchem Ausmaß die Mathematik an der Universität über das hinausgeht, was Du bereits in der Schule gemacht hast. Niemand mag drei oder vier Jahre damit zubringen, dieselben Ideen noch einmal durchzugehen, selbst wenn sie mit größerem Tiefgang studiert werden. Da Du nun nach vorne blickst, fragst Du Dich auch zu recht, welchen Spielraum es gibt, neue Mathematik zu kreieren. Wenn andere bereits solch ein riesiges Gebiet erforscht haben, wie kannst Du dann jemals Deinen persönlichen Weg ins Neuland finden? Gibt es überhaupt noch Neuland?

Diesmal ist meine Aufgabe einfach. Ich kann Dich in beiden Punkten beruhigen. Sorgen solltest Du Dir allenfalls um das genaue Gegenteil machen – nämlich dass man zu viel neue Mathematik erschafft. Der Spielraum für neue Forschungen ist so gigantisch, dass Du Schwierigkeiten mit der Entscheidung haben könntest, wo Du anfangen und in welche Richtungen Du weitermachen solltest. Die Mathematik ist keine Robotermethode, mit der man das Nachdenken durch rigide Rituale ersetzt. Sie ist die kreativste Tätigkeit auf diesem Planeten.

Dies wird für viele Menschen neu sein, möglicherweise sogar für einige Deiner Lehrer. Es erstaunt mich immer wieder, dass so viele Menschen anscheinend glauben,

Mathematik sei auf das begrenzt, was ihnen in der Schule beigebracht wurde, und somit sei im Grunde „alles schon erledigt". Noch erstaunlicher ist die Annahme, es gebe keinen Spielraum für Kreativität und keine unbeantworteten Fragen, da doch „die Antworten alle hinten im Buch stehen". Warum denken so viele Menschen, ihr Schullehrbuch enthalte *alle* möglichen Fragen?

Dieser Mangel an Vorstellungskraft würde auf erbärmliche Ignoranz hinauslaufen, wären da nicht zwei Umstände, die diesen Mangel erklären.

Der erste Umstand besteht darin, dass viele Schüler auf ihrem Weg durch das Schulsystem sehr schnell eine Abneigung gegen die Mathematik entwickeln. Sie finden sie streng, langweilig, sich wiederholend und – das ist das Schlimmste – schwierig. Antworten sind entweder richtig oder falsch, und kein noch so kluger verbaler Zweikampf mit dem Lehrer kann eine falsche Antwort in eine richtige verwandeln. Mathematik ist ein gnadenloses Fach: Wenn die Schüler erst einmal diese negative Einstellung entwickelt haben, wollen sie natürlich als Allerletztes hören, dass es noch mehr Mathematik gibt, die über den bereits entmutigenden Inhalt des Lehrbuches hinausgeht. Die meisten Menschen *wollen*, dass alle Antworten „hinten im Buch" stehen, denn sonst können sie sie nicht nachschlagen.

Kathleen Ollerenshaw, eine der hervorragenden britischen Mathematikerinnen und Pädagoginnen (die mit 90 Jahren immer noch forscht), macht genau das klar. In ihrer Autobiografie *To Talk of Many Things* (lies sie, Meg, sie ist inspirierend und weise) schreibt sie: »Als ich einer Jugendfreundin erzählte, dass ich mathematische Forschung betrieb, antwortete sie: „Warum? Es gibt genug Mathematik, mit der wir fertig werden müssen – wir wollen nicht noch mehr."«

Die Annahmen hinter dieser Aussage bedürften mancher Überprüfung, aber ich gebe mich mit nur einer

zufrieden: Warum vermutete Kathleens Freundin, dass jede neu erfundene Mathematik automatisch in Schulbüchern erscheint? Wieder begegnen wir dem Glauben, dass die Schulmathematik das gesamte Universum der Mathematik darstelle. Aber niemand denkt dies bei Physik, Chemie, Biologie, Französisch oder Wirtschaft. Wir wissen alle, dass das, was wir in diesen Fächern in der Schule lernen, nur einen winzigen Teil des gegenwärtigen Wissens ausmacht.

Manchmal wünsche ich mir, die Schulen kehrten dazu zurück, Begriffe wie „Arithmetik" zu verwenden, um den Inhalt des „Mathematik"-Unterrichts zu beschreiben. Indem man hier von „Mathematik" spricht, wertet man die Währung mathematischen Denkens ab. Es ist ein wenig so, als ob man das routinemäßige Üben der Tonleiter „Komponieren" nennen würde. Wie dem auch sei: Mir fehlt die Macht, den Namen zu ändern; und wenn er tatsächlich geändert würde, bestünde die Hauptwirkung in einer *Abnahme* der öffentlichen Anerkennung der Mathematik. Für die meisten Menschen ist die einzige Zeit, in der sie sich bewusst sind, dass sich ihr Leben und die Mathematik überschneiden, ihre Schulzeit.

Wie ich in meinem ersten Brief schrieb, bedeutet dies nicht, dass die Mathematik in unserem täglichen Leben keine Bedeutung besäße. Aber der tiefgehende Einfluss unseres Faches auf die menschliche Existenz findet hinter den Kulissen statt und bleibt daher unbemerkt.

Der zweite Grund, warum nur wenige Schüler bemerken, dass es Mathematik außerhalb des Lehrbuches gibt, liegt darin, dass ihnen das niemand sagt.

Ich mache dafür nicht die Lehrer verantwortlich. Mathematik ist tatsächlich sehr wichtig, aber weil sie auch wirklich schwierig ist, wird fast die gesamte Unterrichtszeit davon in Anspruch genommen sicherzustellen, dass die Schüler lernen, wie sie bestimmte Arten von Proble-

men lösen und die richtigen Antworten erhalten. Es gibt nicht genug Zeit, ihnen etwas über die Geschichte des Faches zu erzählen, von seinen Verknüpfungen mit Kultur und Gesellschaft, von der riesigen Menge neuer Mathematik, die jedes Jahr produziert wird, oder von den großen und kleinen ungelösten Problemen, die die mathematische Landschaft übersäen.

Meg, das *World Directory of Mathematicians* enthält 55 000 Namen und Anschriften. Diese Menschen sitzen nicht untätig herum. Sie lehren und die meisten forschen auch. Die Zeitschrift *Mathematical Reviews* erscheint zwölf Mal im Jahr; die Ausgaben des Jahres 2004 umfassen 10 586 Seiten. Aber diese Zeitschrift enthält keine Forschungsberichte, sondern kurze *Zusammenfassungen* von Forschungsberichten. Auf jeder Seite stehen durchschnittlich fünf Artikel, so dass in diesem Jahr die Zusammenfassungen ungefähr 50 000 tatsächliche Berichte abdeckten. Die durchschnittliche Länge eines Berichts beträgt vielleicht 20 Seiten – grob gerechnet sind das also eine Million Seiten neuer Mathematik jedes Jahr!

Kathleens Freundin wäre entsetzt gewesen.

Viele Lehrer sind sich all dessen bewusst, aber sie haben einen guten Grund, nicht viel darüber zu sprechen. Der weise Lehrer wird, wenn seine Schüler Schwierigkeiten mit dem Lösen von quadratischen Gleichungen haben, die Finger von den noch schwierigeren kubischen Gleichungen lassen. Sind lösbare Gleichungssysteme das Thema des Unterrichts, dann wäre es demoralisierend und verwirrend, die Schüler darüber zu informieren, dass viele Gleichungssysteme überhaupt keine, andere unendlich viele Lösungen haben. So beginnt ein Prozess der Selbstzensur. Damit das Selbstvertrauen der Schüler nicht beschädigt wird, werden keine Fragen gestellt, die mit den erlernten Methoden nicht beantwortet werden können.

Und auf diese Weise verinnerlichen die Schüler klammheimlich die Lektion, dass jede mathematische Frage eine Antwort hat.

Aber das ist nicht richtig.

Das Unterrichten von Mathematik dreht sich um einen grundlegenden Konflikt. Man verlangt – ob zu Recht oder zu Unrecht, sei dahingestellt – von den Schülern, dass sie eine Reihe mathematischer Konzepte und Techniken beherrschen, und hält alles, was sie von diesem Weg abbringt, von ihnen fern. Die Mathematik in ihren kulturellen Kontext einzuordnen, ihre Leistungen für die Menschheit zu erklären, die Geschichte ihrer Entwicklung zu erzählen, den Reichtum der ungelösten Probleme herauszustellen oder gar Themen, die es nicht bis in die Schulbücher schaffen, aufzuzeigen – all das verkürzt die Vorbereitungszeit für die Prüfungen. Also werden die meisten dieser Themen nicht angesprochen. Einige Lehrer – mein Mr. Radford zum Beispiel – finden trotzdem Zeit, sie einzuschieben. Ellen und Robert Kaplan, ein amerikanisches Mathematikerehepaar mit einem erfrischenden Konzept für die mathematische Erziehung, haben „Mathematikzirkel" begründet, in denen jüngere Kinder in einer Atmosphäre, die völlig anders ist als im Klassenzimmer, ermutigt werden, über Mathematik nachzudenken.

Ihr Erfolg zeigt, dass wir in den Lehrplänen mehr Zeit für Aktivitäten dieser Art einplanen müssen. Da die Mathematik jedoch bereits einen beträchtlichen Teil der Unterrichtszeit vereinnahmt, könnten die Lehrer aus den anderen Fächern Einwände erheben. Also bleibt dieser Konflikt wahrscheinlich bestehen.

Aber jetzt lass mich etwas Wundervolles erklären: Je mehr Mathematik Du erlernst, desto mehr Gelegenheiten wirst Du haben, neue Fragen zu stellen. So wie unser mathematisches Wissen wächst, so wachsen auch die Möglichkeiten für neue Entdeckungen. Dies mag nicht

sehr wahrscheinlich klingen, aber es ist die natürliche Konsequenz aus der Art und Weise, wie neue mathematische Ideen auf alten aufbauen.

Bei jedwedem Studium eines beliebigen Faches erhöht sich die Schnelligkeit, mit der man neues Material lernt, dadurch, dass man bereits viel weiß. Du hast die Spielregeln gelernt, Du bist im Spiel besser geworden – also kannst Du die nächste Schwierigkeitsstufe leichter bewältigen (es sei denn, Du setzt Dir auf dieser Ebene höhere Maßstäbe). So ist es auch bei der Mathematik. In einem vielleicht extremen Maß bauen hier neue Begriffe und Konzepte auf alten auf. Wenn die Mathematik ein Gebäude wäre, dann ähnelte sie einer umgedrehten Pyramide. Auf einem schmalen Fundament türmt sich das Gebäude bis in die Wolken auf – jedes Stockwerk ist größer als das darunter liegende.

Je höher das Gebäude wird, umso mehr Platz hat man zum Anbauen.

Diese Beschreibung ist vielleicht etwas *zu* einfach. In Wirklichkeit gäbe es überall lustige kleine, sich windende und drehende Auswüchse, Verzierungen wie Minarette und Kuppeln und Wasserspeier, Treppen und Geheimgänge, die weit entfernte Räume unerwartet verbinden, Sprungbretter über Schwindel erregenden Abgründen. Aber beherrschend wäre die umgekehrte Pyramide.

In gewissem Maße haben alle Fächer diese Eigenschaft, aber ihre Pyramiden verbreitern sich nicht so schnell, und oft gibt es neue Gebäude neben den bereits bestehenden. Diese Fächer ähneln Städten: Wenn Du das Gebäude nicht magst, in dem Du Dich befindest, kannst Du immer in ein neues umziehen und von vorne beginnen.

Die Mathematik ist *ein einheitliches Gebäude*, und Umzug kommt nicht in Betracht.

Da die Schule sehr zur Zahlenrechnerei neigt, denken viele Menschen, Mathematik bestehe nur daraus und ma-

thematische Forschung bestehe in der Erfindung *neuer* Zahlen. Aber die gibt es natürlich nicht, nicht wahr? Sonst hätte sie schon längst jemand erfunden. Aber dieser Irrglaube ist selbst dann einer, *wenn* es um Zahlen geht. Der größte Teil der schulischen Arbeit mit Zahlen ist arithmetischer Natur. Addiere 473 und 982. Teile 16 durch 4. Oft geht es um die Notation: Brüche wie 7/5, Dezimalzahlen wie 1,4, Perioden wie 0,3333 ... oder aufmüpfige Zahlen wie π, dessen Dezimalstellen unendlich weitergehen, ohne dass es ein Muster der Wiederholung gibt.

Woher wissen wir das? Nicht dadurch, dass wir jede oder zumindest viele Dezimalstellen aufschreiben und dabei keine Wiederholung erkennen. Wir wissen es durch einen indirekten Beweis. Der erste Beweis dieser Art wurde 1770 von Johann Lambert veröffentlicht, und er beruht nicht auf Geometrie, sondern auf Analysis. Er umfasst ungefähr eine Seite und besteht hauptsächlich aus einer Berechnung. Der Trick dabei besteht nicht in der Berechnung selbst, sondern darin herauszufinden, welche Berechnung angestellt werden muss.

In der Schule tauchen auch noch einige weitere originelle Themen auf, so zum Beispiel die Primzahlen, die man nicht durch Multiplikation zweier kleinerer (ganzer) Zahlen erhalten kann. Aber so ziemlich alles, dem sich die Schüler ausgesetzt sehen, lässt sich durch Tastendruck auf einem Taschenrechner abkürzen.

Die oberen Stockwerke der mathematischen Antipyramide sehen überhaupt nicht so aus. Sie unterstützen Konzepte, Ideen und Prozesse. Sie stellen Aufgaben, die sich von „Addiere diese Zahlen ..." sehr unterscheiden, wie etwa: „Warum wiederholen sich die Dezimalstellen von π nicht?" Diejenigen Stockwerke, die sich tatsächlich mit Zahlen befassen, kommen schnell zu extrem schwierigen Fragen, die oft täuschend unkompliziert erscheinen.

Dir wird beispielsweise bewusst sein, dass ein Dreieck mit den Seitenlängen 3, 4 und 5 einen rechten Winkel aufweist. Angeblich benutzten die alten Ägypter eine Schnur, die sie durch Knoten in solche Längen teilten, um so den Bauplatz für die Pyramiden zu vermessen. Ich habe meine Bedenken bezüglich des praktischen Nutzens des 3-4-5-Dreiecks, denn eine Schnur kann sich dehnen, und ich bezweifle daher, dass sich Messungen mit der erforderlichen Genauigkeit ausführen lassen. Die Ägypter kannten wahrscheinlich die Eigenschaften des Dreiecks, die Babylonier aber ganz sicher.

Der Satz des Pythagoras – eines der wenigen Theoreme, die in der Schule behandelt werden – trägt den Namen seines (traditionellen) Entdeckers. Dieser Satz sagt aus, dass die Summe der Quadrate der beiden kürzeren Seiten genauso groß ist wie das Quadrat der längeren Seite: $3^2 + 4^2 = 5^2$. Es gibt unendlich viele solcher „Pythagoreischen Dreiecke", und die Mathematiker der griechischen Antike wussten bereits, wie man sie findet.

Pierre de Fermat, ein französischer Rechtsanwalt des 17. Jahrhunderts, dessen Steckenpferd die Mathematik war, stellte die Art von schöpferischer Frage, die neue Mathematik erschafft. (Die Frage selbst war nicht *sehr* schöpferisch; man muss nicht weit hinter das bereits Bekannte schauen, um gähnenden Lücken im menschlichen Wissen zu begegnen.) Wir wissen, dass Summen von zwei Quadraten wiederum ein Quadrat ergeben können, aber geht das auch mit Kuben? Kann man als Summe von zwei Kuben wiederum einen Kubus erhalten? Oder aus zwei vierten Potenzen wiederum eine vierte Potenz? Fermat konnte überhaupt keine Lösungen entdecken. Er fand einen eleganten Beweis, dass es bei vierten Potenzen nicht möglich ist. Bei der Lektüre eines antiken griechischen Textes zur Zahlentheorie notierte er in seiner Ausgabe am Rand, er habe einen Beweis gefunden, dass dies

generell nicht möglich sei – dass es keine ganzzahligen Lösungen für die Gleichung $x^n + y^n = z^n$ gebe, bei der n größer als 2 sei –,»doch sei der Rand zu schmal, um ihn zu fassen«.

Lassen wir einmal die Frage der Nützlichkeit einer solchen Mathematik beiseite; Anwendungen sind zwar wichtig, aber jetzt geht es um Kreativität und Vorstellungsvermögen. Wenn Du eine *zu* „praktisch orientierte" Haltung einnimmst, dann erstickst Du wahre Kreativität – und zwar zum Schaden aller. „Fermats letzter Satz" – unter dieser Bezeichnung wurde das Problem bekannt – erwies sich als sehr tiefgründig und schwierig. Wahrscheinlich wäre Fermats Beweis, vorausgesetzt es gäbe ihn, nicht richtig. Wenn er richtig war, dann hat ihn nie jemand nachvollzogen, selbst jetzt nicht, wo wir wissen, dass Fermat Recht hatte. Generationen von Mathematikern haben das Problem in Angriff genommen und sind gescheitert. Einige haben sich nur ein Teilstück des seltsamen Beweises herausgepickt, indem sie nachwiesen, dass eine Lösung mit zum Beispiel fünften oder siebten Potenzen nicht möglich ist. Erst 1994 – nach 350 Jahren – bewies Andrew Wiles diesen Satz. Sein Beweis wurde im Jahr darauf veröffentlicht. Sicherlich erinnerst Du Dich noch an die Fernsehdokumentation hierzu.

Wiles' Methoden sind revolutionär und für das Grundstudium viel zu schwierig. Sein Beweis ist klug und sehr schön; er beinhaltet Ergebnisse und Ideen Dutzender anderer Experten – ein Durchbruch der höchsten Kategorie.

Die Fernsehsendung war sehr bewegend, und viele Zuschauer waren zu Tränen gerührt.

Der Beweis von Fermats letztem Satz reicht weit über den Lehrplan des Grundstudiums hinaus. Er ist zu fortgeschritten für die Kurse, die Du besuchen wirst. Du wirst aber sicher weitere Grundkurse in der Zahlentheorie belegen, in denen Sätze wie „Jede positive ganze Zahl ist

die Summe von höchstens vier Quadraten" bewiesen werden. Vielleicht belegst Du algebraische Zahlentheorie; dort wirst Du erfahren, wie die großen Mathematiker der Vergangenheit Stücke aus Fermats letztem Satz herausbrachen, und Du wirst verstehen, wie sich die Gesamtheit der abstrakten Algebra aus diesem Prozess entwickelt hat. Dies ist eine neue Welt, die von der großen Mehrheit der Menschheit fast völlig unbeachtet bleibt.

Nahezu jedermann macht täglich von der Zahlentheorie Gebrauch, und sei es nur, weil sie die Grundlage der Internetsicherheitscodes und der Datenkompressionsmethoden bildet, die vom Kabel- und Satellitenfernsehen verwendet werden. Wir müssen nicht in der Lage sein, die Zahlentheorie *anzuwenden*, um fernzusehen (ansonsten wären die Einschaltquoten vieler Shows im Keller), aber wenn sich niemand mit der Zahlentheorie auskennen würde, dann könnten Betrüger unsere Bankkonten plündern, und wir hätten nur drei Fernsehkanäle. Daher ist das große Gebiet, in dem Fermats letzter Satz beheimatet ist, ohne Zweifel von Nutzen.

Der Satz selbst allerdings ist wahrscheinlich nicht sehr nützlich. Sehr wenige praktische Probleme beruhen darauf, dass man zwei große Potenzen addiert, um eine dritte Potenz dieser Art zu erhalten. (Man hat mir allerdings gesagt, mindestens ein Problem in der Physik hänge davon ab.) Auf der anderen Seite haben Wiles' neue Methoden wichtige Verknüpfungen zwischen bis dahin getrennten Bereichen unseres Faches ermöglicht. Diese Methoden werden sich eines Tages sicher als wesentlich herausstellen, wahrscheinlich vor allem in der Grundlagenphysik, die heute zu den größten Abnehmern von tiefgründigen, abstrakten mathematischen Begriffen und Techniken zählt.

Fragen wie Fermats letzter Satz sind nicht deshalb wichtig, weil wir die Antwort wissen müssen. Wahrscheinlich

spielt es letztlich keine Rolle, dass der Satz als richtig und nicht als falsch bewiesen wurde. Solche Fragen sind wichtig, weil sich bei dem Bemühen um eine Antwort sehr große Lücken in unserem Verständnis der Mathematik offenbaren. Es zählt nicht die Antwort selbst, sondern das Wissen darum, wie man sie erhält. Sie kann nur „hinten im Buch" stehen, wenn irgendjemand herausgearbeitet hat, wie sie lautet.

Je weiter wir die Grenzen der Mathematik ausdehnen, umso gewaltiger werden die Grenzen selbst. Es besteht keine Gefahr, dass uns die neuen Probleme jemals ausgehen könnten.

✉ Umgeben von Mathematik

5

Liebe Meg,

ich bin nicht überrascht, dass Du von Deinem bevorstehenden Gang an die Universität „gleichzeitig begeistert und ein wenig eingeschüchtert" bist. Ich möchte Deine gute Einfühlungsgabe in jeder Hinsicht loben. Du wirst sehen, dass der Wettbewerb härter ist, das Tempo höher, die Arbeit schwerer und der Inhalt viel interessanter. Du wirst von Deinen Dozenten (jedenfalls von einigen) und von den Ideen, die zu entdecken sie Dich lehren, begeistert sein. Du wirst entmutigt sein, weil viele Deiner Kommilitonen diese Ideen scheinbar viel früher entdecken. Während der ersten sechs Monate wirst Du Dich fragen, wieso man Dich überhaupt zur Universität zugelassen hat. (Danach wirst Du Dich fragen, wieso man viele von den anderen zugelassen hat.)

Du hast mich gebeten, Dir etwas Inspirierendes zu erzählen. Nichts Technisches, einfach irgendetwas, woran Du Dich halten kannst, wenn der Weg gar zu steinig wird.

Sehr gut.

Wie viele Mathematiker beziehe ich meine Inspiration aus der Natur. Die Natur sieht vielleicht nicht sehr mathematisch aus; man sieht keine Additionen auf Baumstämmen. Aber in der Mathematik geht es nicht wirklich um Zahlen. Mathematik handelt von Mustern und der Frage,

warum sie auftauchen. Die Muster der Natur sind ebenso schön wie unerschöpflich.

Ich bin gerade auf einer Forschungsreise in Houston, Texas, und umgeben von Mathematik.

Houston ist eine riesige, großflächige Stadt, flach wie ein Pfannkuchen. Früher war dort ein Sumpf, und bei schweren Unwettern scheint die Stadt in ihren natürlichen Zustand zurückkehren zu wollen. In der Nähe des Apartments, in dem meine Frau und ich immer wohnen, wenn wir in Houston sind, gibt es einen betonierten Kanal, der jede Menge Regen ableitet. Manchmal schafft er das nicht ganz; vor ein paar Jahren war die nahe gelegene Autobahn zehn Meter hoch überflutet, und auch unser Apartment stand unter Wasser. Aber er tut seine Dienste. Man nennt ihn Braes Bayou; auf beiden Ufern gibt es einen Pfad. Avril und ich machen gerne Spaziergänge am Bayou entlang. Die betonierten Ufer sind nicht wirklich hübsch, aber immer noch hübscher als die Straßen und Parkplätze in der Gegend, und es gibt eine vielfältige Tierwelt: Welse im Fluss, Silberreiher auf der Jagd nach Fischen und viele andere Vögel.

Während ich, umgeben von Tieren, am Bayou entlang spaziere, wird mir klar, dass ich außerdem von Mathematik umgeben bin.

Zum Beispiel …

Straßen überqueren den Bayou in regelmäßigem Abstand, und auch die Telefonleitungen überspannen ihn. Auf den Leitungen hocken Vögel. Aus der Ferne sieht das Ganze aus wie Notenblätter – fette kleine Kleckse auf Reihen horizontaler Linien. Anscheinend haben die Vögel Lieblingsplätze, obwohl mir nicht recht klar ist, warum. Aber eines sticht ins Auge: Wenn viele Vögel auf einer Leitung sitzen, dann tun sie das *in gleichem Abstand*.

Das ist ein mathematisches Muster, und ich denke, dass es dafür eine mathematische Erklärung gibt. Ich glaube

nicht, dass die Vögel „wissen", dass sie gleichmäßigen Abstand halten sollten. Aber jeder Vogel hat seinen eigenen „persönlichen Raum", und wenn ein anderer Vogel zu nahe kommt, dann hüpft er auf dem Draht ein wenig zur Seite, um mehr Platz zu haben, es sei denn, es gibt einen Vogel auf der anderen Seite, der sich zu nahe herandrängelt.

Wenn nur wenige Vögel auf der Leitung sitzen, dann verteilen sie sich zufällig. Sind es aber viele, dann müssen sie enger zusammenrücken. Da die Vögel auf der Leitung zur Seite rücken, um sich wohler zu fühlen, gleicht der „Bevölkerungsdruck" ihre Abstände aus. Vögel am Rand von dicht bevölkerten Regionen werden in weniger volle Gebiete verdrängt. Und da alle Vögel der gleichen Spezies angehören (in der Regel sind es Tauben), haben sie auch eine sehr ähnliche Vorstellung davon, wie groß der persönliche Raum sein sollte. Und so ordnen sie sich in gleichen Abständen an.

Natürlich nicht in *ganz genau* gleichen Abständen. Das wäre ein platonisches Ideal. Es hilft uns aber, eine etwas unordentlichere Realität zu verstehen.

Du könntest dieses Problem auch mathematisch angehen, wenn Du wolltest. Schreibe einige einfache Regeln auf, wie sich die Vögel bewegen, wenn ihnen ein Nachbar zu nahe kommt, setze einige Vögel nach dem Zufallsprinzip auf die Leitung, wende die Regeln an und beobachte, wie sich die Abstände entwickeln. Es gibt jedoch eine Analogie zu einem verbreiteten physikalischen System, bei dem man die Regeln bereits mathematisch ausgearbeitet hat, und diese Analogie sagt Dir, was Du erwarten kannst.

Es geht um den *Vogelkristall*.

Der gleiche Prozess, der Vögel dazu veranlasst, sich in regelmäßigen Abständen auszurichten, bringt die Atome in einem festen Körper dazu, sich in einem sich wiederho-

lenden Gittermuster aufzureihen. Auch Atome haben einen „persönlichen Raum": Sie stoßen einander ab, wenn sie sich zu nahe kommen. In einem festen Körper müssen die Atome eng aneinander rücken, aber indem sie ihren persönlichen Raum abstimmen, ordnen sie sich in einem eleganten Kristallgitter an.

Das Vogelgitter ist eindimensional, da alle Vögel auf einem Draht sitzen. Ein eindimensionales Gitter besteht aus Punkten in gleichem Abstand. Wenn nur einige Vögel auf dem Draht hocken − zufällig angeordnet und ohne Bevölkerungsdruck −, dann ist das kein Kristall, sondern ein Gas.

Dies ist nicht nur eine vage Analogie. *Derselbe* mathematische Prozess, der zur Bildung eines regelmäßigen Salzkristalls oder von Kalkspat führt, erschafft auch meinen „Vogelkristall".

Und das ist nicht die einzige mathematische Entdeckung, die man am Braes Bayou machen kann.

Viele Menschen führen ihre Hunde am Kanal aus. Wenn Du einen Hund beim Laufen beobachtest, wirst Du schnell bemerken, wie rhythmisch seine Bewegung ist. Das gilt nicht, wenn er stehen bleibt, um an einem Baum oder einem anderen Hund zu schnüffeln. Der Gang ist nur rhythmisch, wenn der Hund glücklich und ohne einen Gedanken in seinem Kopf vor sich hin trottet. Der Schwanz wedelt, die Zunge hängt heraus und die Füße berühren den Boden in einem sorglosen Hundetanz.

Was machen die Füße genau?

Wenn der Hund läuft, gibt es ein charakteristisches Muster: links *hinten*, links *vorne*, rechts *hinten*, rechts *vorne*. Die Schritte erfolgen im gleichen zeitlichen Abstand, als wären sie Musiknoten − vier Schläge pro Takt.

Erhöht der Hund sein Tempo, dann wird aus dem Gang ein Trab. Jetzt hat ein diagonales Beinpaar gleichzeitig Bodenkontakt − links hinten und rechts vorne, danach das

andere Paar, und nun gibt es zwei Schläge pro Takt. Würde man zwei Menschen, die exakt im Gegenschritt hintereinander herlaufen, in ein Kuhkostüm stecken, dann hätten wir eine trabende Kuh.

Der Hund ist Fleisch gewordene Mathematik. Der Gegenstand, für den er ein unwissentliches Beispiel ist, nennt sich Ganganalyse, die in der Medizin große Bedeutung hat: Menschen haben oft – vor allem als Kleinkind oder im hohen Alter – Probleme, ihre Beine angemessen zu bewegen. Eine Analyse ihrer Bewegungen kann die Natur des Problems aufdecken und zu seiner Heilung beitragen. Ein anderer Anwendungsbereich ist die Robotik: Roboter mit Beinen können sich auf Gelände bewegen, das für Roboter mit Rädern ungeeignet ist: im Inneren eines Atomkraftwerks, auf einem Truppenschießgelände oder auf der Oberfläche des Mars. Wenn wir die Fortbewegung mithilfe von Beinen erst einmal richtig verstehen, dann können wir verlässliche Roboter bauen, die alte Kernkraftwerke stilllegen, nicht explodierte Granaten und Minen lokalisieren und ferne Planeten erforschen. Im Moment setzen wir immer noch auf Mars-Rover mit Rädern: Sie sind verlässlich, auch wenn ihr Einsatzgebiet begrenzt ist. Aber die US-Armee verwendet immerhin Roboter mit Beinen für einige Aufräumarbeiten auf Schießgeländen.

Wenn wir lernen, das Bein neu zu erfinden, wird sich all das ändern.

Silberreiher stehen mit ihrer typischen hellwachen Haltung in den Untiefen, die langen Schnäbel scheinen zu schweben, die Muskeln sind angespannt: Sie jagen Welse. Gemeinsam bilden sie ein Mini-Ökosystem, ein Räuber-Beute-System. Die Verbindung von Ökologie und Mathematik reicht zurück bis zu Leonardo aus Pisa, auch bekannt als Fibonacci. Im Jahre 1202 schrieb Fibonacci in seinem *Liber Abaci* über ein ziemlich einfaches Modell

des Bevölkerungswachstums bei Kaninchen. Um der Wahrheit willen sei erwähnt, dass das Buch eigentlich vom hindu-arabischen Zahlensystem handelt, dem Vorläufer des heutigen Zehnersystems, und das Kaninchenmodell hauptsächlich als arithmetische Übung dient. Die meisten anderen Übungen betreffen Währungstransaktionen. Es war ein sehr praktisches Buch.

In den 20er Jahren des letzten Jahrhunderts entwickelten sich ernsthaftere ökologische Modelle: Der italienische Mathematiker Vito Volterra versuchte eine seltsame Erscheinung zu erklären, die von Fischern in der Adria beobachtet worden war. Während des Ersten Weltkrieges ging der Fischfang zurück; in dieser Zeit schien die Zahl der Beutefische nicht zuzunehmen, wohl aber die der Haie und Rochen.

Volterra fragte sich, wieso eine Abnahme des Fischfanges den Räubern mehr nutzte als der Beute. Also ersann er ein mathematisches Modell, das auf der Größe der Hai- und Beutefischpopulationen beruhte und der Frage nachging, in welcher Weise sie einander beeinflussten. Er entdeckte, dass sich die Größe der Populationen nicht bei festen Werten einpendelt, sondern rhythmischen Zyklen unterliegt: Große Populationen wurden zuerst kleiner, wuchsen dann aber rasant. Die Haipopulation erreichte einige Zeit nach den Beutefischen ihren Gipfelwert.

Man benötigt keine Zahlen, um das zu verstehen. Bei einer beschränkten Anzahl von Haien können sich die Beutefische schneller reproduzieren, als sie gefressen werden, also schnellt ihre Zahl in die Höhe. Damit haben die Haie mehr Nahrung, und auch ihre Population beginnt zu wachsen. Aber sie reproduzieren sich langsamer, so dass eine Verzögerung eintritt. Wenn die Zahl der Haie zunimmt, fressen sie mehr Beutefische, und schließlich gibt es so viele Haie, dass die Zahl der Beutefische abzunehmen beginnt. Jetzt gibt es nicht mehr genug Beutefi-

sche für die vielen Haie, und so beginnt auch die Zahl der Haie zu sinken – wiederum mit einer Verzögerung. Wenn die Zahl der Haie gesunken ist, können die Beutefische sich wieder vermehren ... und so weiter. Mathematik macht diese Geschichte kristallklar (im Rahmen der Annahmen, die in das Modell eingebaut sind). Mit Mathematik können wir auch herausarbeiten, wie sich die durchschnittliche Population während eines vollständigen Zyklus verhält – was man mit Worten alleine nicht erklären kann. Nach Volterras Berechnungen lässt ein verminderter Fischfang die Durchschnittszahl der Beutefische während eines Zyklus sinken, die der Haie aber steigen. Und genau das geschah während des Ersten Weltkrieges.

All die Beispiele, von denen ich Dir bisher erzählte, beinhalten „fortgeschrittene" Mathematik. Aber selbst einfache Mathematik kann erleuchtend wirken. Ich erinnere mich an eine der vielen Geschichten, die sich Mathematiker erzählen, wenn alle Nichtmathematiker gegangen sind: Eine Mathematikerin an einer berühmten Universität wollte sich einen neuen Hörsaal ansehen. Sie traf dort auf den Dekan der Fakultät, der an die Decke starrte und vor sich hin murmelte: „... 45, 46, 47 ..." Sie unterbrach ihn und fragte, was er da tue. „Ich zähle die Lampen", sagte der Dekan. Die Mathematikerin schaute hinauf zu dem perfekten Rechteck aus Lampen und meinte: „Das ist doch einfach, in die eine Richtung sind es ... zwölf, und in die andere ... acht. 12 mal 8 sind 96." „Nein, nein", antwortete der Dekan ungeduldig. „Ich will die *genaue* Zahl wissen."

Selbst wenn es um so etwas Einfaches wie das Zählen geht, sehen wir Mathematiker die Welt anders als andere Menschen.

✉ Wie Mathematiker denken 6

Liebe Meg,

ich würde sagen, Du hast Glück gehabt. Wenn Dein Dozent im Erstsemesterkurs von Newton, Leibniz, Fourier und anderen spricht, dann bedeutet das, dass er Sinn für die historische Dimension seines Faches hat. Deine Frage „Wie kamen die großen Mathematiker auf diese Dinge?" veranlasst mich zu der Vermutung, dass er die Analysis nicht als Folge göttlicher Offenbarungen betrachtet (was viel zu oft geschieht), sondern als Sammlung wirklicher Probleme, die von wirklichen Menschen gelöst wurden.

Aber Du hast auch Recht, dass die Antwort „Na ja, sie waren Genies" der Sache nicht wirklich angemessen ist. Ich will sehen, ob ich etwas tiefer schürfen kann. Die allgemeine Form deiner Frage, die sehr wichtig ist, lautet: „Wie denken Mathematiker?"

Ausgehend von den Lehrbüchern könntest Du zur Schlussfolgerung kommen, dass alles mathematische Denken symbolisch ist. Worte sind nur dazu da, die Symbole voneinander zu trennen und zu erklären, wofür sie stehen. Das Wesen der Beschreibung ist stark symbolischer Natur. Es stimmt zwar, dass einige mathematische Gebiete auch Bilder verwenden, aber diese sprechen eher die mathematische Intuition an oder sind visuelle Darstellungen der Rechenergebnisse.

Es gibt ein wunderbares Buch über mathematische Schöpfungen: Jacques Hadamards *The Psychology of Invention in the Mathematical Field*. Das Buch erschien erstmalig 1945, ist heute noch von herausragender Bedeutung und wird immer wieder neu aufgelegt. Du solltest Dir ein Exemplar besorgen. Hadamard vertritt zwei Hauptthesen: Die erste These besagt, dass mathematisches Denken meistens mit unscharfen visuellen Vorstellungen beginnt und erst später durch Symbole formalisiert wird. Ungefähr 90 Prozent aller Mathematiker denken Hadamard zufolge auf diese Weise. Die restlichen zehn Prozent verwenden von Anfang an Symbole. Die zweite These lautet, dass sich Ideen in der Mathematik in drei Stufen entwickeln.

Zunächst ist es notwendig, viel bewusste Arbeit an einem Problem zu leisten. Man muss versuchen, es zu verstehen, man muss Wege erkunden, sich ihm zu nähern, und Beispiele durcharbeiten in der Hoffnung, auf einige brauchbare Verallgemeinerungen zu stoßen. Typischerweise gerät man auf dieser Stufe in hoffnungslose Verwirrung, sobald die eigentliche Schwierigkeit des Problems deutlich wird.

An diesem Punkt ist es nützlich, nicht weiter über das Problem nachzudenken und etwas anderes zu tun – den Garten umzugraben, Notizen zu einer Vorlesung zu machen oder ein anderes Problem anzugehen. Somit erhält das Unterbewusste die Chance, das Problem „zu bearbeiten" und die Verwirrung zu beseitigen, die durch die bewussten Anstrengungen entstanden ist. Wenn Dein Unterbewusstes erfolgreich gearbeitet hat und Dir einen Weg weisen konnte – und sei es auch nur teilweise –, dann wird es Dir „auf die Schulter tippen" und Dich mit seinen Schlussfolgerungen wachrütteln. Das ist der große Aha-Effekt – die kleine Glühbirne über Deinem Kopf geht plötzlich an.

Schließlich folgt eine weitere bewusste Stufe, in der Du alles formal niederschreibst, die Einzelheiten überprüfst und alles so organisierst, dass Du es veröffentlichen kannst und andere Mathematiker es lesen können. Die Traditionen der wissenschaftlichen Publikation (und des Schreibens von Lehrbüchern) verlangen, dass der Aha-Effekt verschwiegen und die Entdeckung als rein rationale Deduktion von bekannten Prämissen dargestellt wird.

Henri Poincaré, wahrscheinlich mein Lieblingsmathematiker unter den großen, war sich seiner Denkprozesse auf ungewöhnliche Weise bewusst und hielt vor Psychologen Vorlesungen zu diesem Thema. Die erste Stufe nannte er „Vorbereitung", die zweite „Inkubation, gefolgt von Illumination" und die dritte „Verifikation". Er betonte sehr stark die Rolle des Unterbewussten. Eine berühmte Passage aus seinem Essay *Mathematische Schöpfung* ist es wert, zitiert zu werden:

> Fünfzehn Tage lang bemühte ich mich zu beweisen, dass es solche Funktionen, die ich seitdem die Fuchs'schen Funktionen nenne, nicht geben könne. Damals war ich sehr unwissend; jeden Tag setzte ich mich an meinen Schreibtisch, blieb dort für ein, zwei Stunden, probierte Unmengen von Kombinationen aus und kam zu keinem Ergebnis. Eines Abends trank ich ganz gegen meine Gewohnheit schwarzen Kaffee und konnte nicht schlafen. Da hatte ich plötzlich Unmengen von Ideen. Ich fühlte, wie sie sozusagen zusammenstießen, bis sich Paare verketteten und sich eine stabile Kombination bildete. Am nächsten Morgen hatte ich die Existenz einer Klasse von Fuchs'schen Funktionen bewiesen, und zwar diejenige, die aus der „hypergeometrischen Reihe" stammen; ich brauchte nur noch die Ergebnisse aufzuschreiben, was nur ein paar Stunden dauerte.

Das war nur eine von mehreren Gelegenheiten, bei denen Poincaré fühlte, dass er »bei seiner eigenen unterbewussten Arbeit zugegen« war.

Eine Erfahrung, die ich jüngst selbst machte, passt ebenfalls zu Poincarés Dreistufenmodell, obwohl ich nicht das Gefühl hatte, mein eigenes Unterbewusstes zu beobachten. Vor einigen Jahren arbeitete ich zusammen mit meinem langjährigen Mitarbeiter Marty Golubitsky über die Dynamik von Netzwerken. Unter „Netzwerk" verstehe ich eine Gruppe von dynamischen Systemen, die „aneinander gekoppelt" sind, wobei einige das Verhalten von anderen beeinflussen. Die Systeme selbst sind die Knoten des Netzwerks – stelle sie Dir als Klümpchen vor. Zwei Knoten sind dann mit einem Pfeil verbunden, wenn einer von ihnen (am hinteren Ende des Pfeiles) den anderen beeinflusst (am Kopfende des Pfeiles). Beispielsweise könnte jeder Knoten eine Nervenzelle in einem Organismus sein, und die Pfeile könnten Verbindungen darstellen, auf denen Signale von einer Zelle zur anderen wandern.

Marty und ich waren an zwei Aspekten dieser Netzwerke besonders interessiert: Synchronität und Phasenrelationen. Zwei Knoten sind synchron, wenn die Systeme, die sie repräsentieren, im gleichen Moment genau das Gleiche tun. Der trabende Hund synchronisiert diagonal zwei gegenüberliegende Beine: Wenn der vordere linke Fuß den Boden berührt, so tut dies auch der hintere rechte. Phasenrelationen sind ähnlich, weisen aber eine Zeitdifferenz auf. Der rechte vordere Fuß des Hundes (der mit dem hinteren linken synchronisiert ist) berührt den Boden einen halben Zyklus früher als der vordere linke. Dies ist eine Phasenverschiebung um eine halbe Periode.

Wir wissen, dass Synchronität und Phasenverschiebung in symmetrischen Netzwerken üblich sind. Wir hatten auch das einzige plausible symmetrische Netzwerk herausgearbeitet, das alle Standardgangarten eines vierbeinigen Tieres erklären konnte. Da wir uns keinen anderen Grund vorstellen konnten, nahmen wir an, dass auch

die Symmetrie notwendigerweise zur Synchronität und zur Phasenverschiebung dazugehörte.

Dann erfand Marcus Pivato – ein Mathematiker, der bei Marty promoviert hatte – ein sehr seltsames Netzwerk, das Synchronität und Phasenverschiebung aufwies, aber keine Symmetrie. Es hatte 16 Knoten, die in Clustern zu je vier synchronisiert waren; dabei war jeder Cluster von jedem anderen durch eine Phasenverschiebung von einer Viertelperiode getrennt. Das Netzwerk schien auf den ersten Blick nahezu symmetrisch, aber wenn man genauer hinsah, konnte man erkennen, dass die scheinbare Symmetrie nicht perfekt war.

Marcus' Beispiel war für uns absolut sinnlos. Aber seine Berechnungen waren zweifelsohne korrekt. Wir überprüften sie, und alles stimmte. Aber wir hatten das nagende Gefühl, nicht wirklich zu verstehen, *warum* sie stimmten. Sie beinhalteten eine Art Zufallsmoment, das definitiv vorhanden war, aber nicht hätte da sein sollen.

Während Marty und ich andere Themen bearbeiteten, grübelte ich über Marcus' Beispiel nach. Ich fuhr zu einer Konferenz nach Polen und hielt dort einige Vorträge, und während der gesamten Woche malte ich Netzwerke auf Notizblöcke. Ich kritzelte auf der Zugfahrt von Warschau nach Krakau vor mich hin und zwei Tage später auf der gesamten Rückfahrt auch. Ich fühlte, dass ich einem Durchbruch nahe war, aber es war mir nicht möglich niederzuschreiben, was es sein könnte.

Müde und des Themas überdrüssig legte ich die Kritzeleien in einem Ordner ab und beschäftigte mich mit etwas anderem. Eines Morgens sagte mir ein seltsames Gefühl beim Aufwachen, dass ich die Aktenmappe noch einmal hervorholen und mir das Gekritzel ansehen sollte. Innerhalb von wenigen Minuten wurde mir klar, dass alle Entwürfe, die meine Bedingungen erfüllten, ein gemeinsames Merkmal hatten, das ich beim Hinkritzeln völlig überse-

hen hatte. Und nicht nur das: Allen Entwürfen, die meine Bedingungen nicht erfüllten, fehlte dieses Merkmal. Und im gleichen Moment „wusste" ich, worin die Lösung dieses Puzzles bestand, und ich konnte sie sogar in Symbolform niederschreiben. Die Antwort war sauber, ordentlich und sehr einfach.

Die Schwierigkeit besteht – wie mein Freund, der Biologe Jack Cohen, sagt – darin, dass man sich häufig sicher ist, obwohl man falsch liegt. Es gibt keinen Ersatz für einen Beweis. Aber nun, da ich wusste, *was* zu beweisen war, und eine ziemlich gute Vorstellung davon hatte, warum es wahr sein würde, dauerte die letzte Stufe nicht mehr sehr lang. Es war völlig offensichtlich, auf welche Weise ich beweisen konnte, dass das Merkmal, das ich an meinen Kritzeleien beobachtet hatte, *hinreichend* war. Heikler zu beweisen war, dass das Merkmal auch *notwendig* war, aber so schwer war es nun auch wieder nicht. Es gab einige relativ klare Wege, den Beweis in Angriff zu nehmen, und beim zweiten oder dritten Mal funktionierte es.

Das Problem war gelöst.

Diese Beschreibung passt so perfekt zu Poincarés Szenario, dass ich mir manchmal Gedanken darüber mache, ob ich die Geschichte ausgeschmückt und umgebaut habe, damit sie auch stimmig ist. Aber ich bin ganz sicher, dass alles genau so geschah, wie ich es gerade erzählt habe.

Was war die Schlüsselerkenntnis? Ich habe mir eben noch einmal meine Aufzeichnungen von der Zugfahrt von Warschau nach Krakau angesehen; sie sind voller Netzwerke, deren Knoten rot, blau oder grün eingefärbt sind. An irgendeinem Punkt hatte ich mich entschlossen, die Knoten so einzufärben, dass die synchronen Knoten die gleiche Farbe erhielten. Indem ich Farben benutzte, konnte ich die versteckten Regelmäßigkeiten in den Netzwerken entdecken, und diese Regelmäßigkeiten gaben Marcus mit seinem Beispiel Recht. Die Regelmäßigkeiten

waren keine Symmetrien, nicht in dem technischen Sinne, wie dieser Begriff von Mathematikern gebraucht wird, aber sie hatten eine ähnliche Wirkung. Warum hatte ich die Netzwerke eingefärbt? Weil ich anhand der Farben leichter synchrone Cluster ausmachen konnte. Ich hatte Dutzende von Netzwerken angemalt und nie bemerkt, was die Farben mir zu sagen versuchten. Die Antwort hatte mir die ganze Zeit über direkt ins Gesicht gestarrt. Aber erst als ich aufhörte weiterzuarbeiten, war mein Unterbewusstes frei, sie zu finden.

Ich brauchte ein oder zwei Wochen, um meine Erkenntnis in die formale mathematische Sprache zu übersetzen. Aber das visuelle Denken − die Farben − war zuerst da, und mein Unterbewusstsein musste sich mit dem Problem herumschlagen, bevor mir die Antwort bewusst wurde. Erst dann begann ich mit der symbolischen Argumentation.

Die Geschichte geht noch weiter: Als erst einmal das formale System ausgearbeitet war, bemerkte ich eine tiefer reichende Idee, die der ganzen Sache zugrunde lag. Die Ähnlichkeiten zwischen den eingefärbten Zellen bildeten eine natürliche algebraische Struktur. In unseren früheren Arbeiten über symmetrische Systeme hatten wir von Anfang an eine ähnliche Struktur vorgegeben, denn alle Mathematiker wissen, wie man Symmetrien formalisiert. Der Fachbegriff heißt Gruppe. Das Netzwerk von Marcus hat aber keine Symmetrien, also würden uns die Gruppen nicht weiterhelfen. Die natürliche algebraische Struktur, die statt der symmetrischen Gruppe in meinen kolorierten Diagrammen herangezogen werden muss, ist weniger gut bekannt. Sie heißt Gruppoid.

Reine Mathematiker haben Gruppoide aus persönlichem Interesse seit Jahren studiert. Plötzlich wurde mir klar, dass diese exotischen Strukturen eng mit Synchronität und Phasenverschiebungen in Netzwerken dynami-

scher Systeme verknüpft sind. Unter den Themen, mit denen ich befasst war, ist dies eines der besten Beispiele für den geheimnisvollen Prozess, der reine Mathematik in Anwendung verwandelt.

Wenn Du erst einmal ein Problem verstanden hast, dann werden viele seiner Aspekte mit einem Schlag viel einfacher. Wie die Mathematiker auf der ganzen Welt sagen: Alles ist entweder unmöglich oder trivial. Wir fanden sofort viel einfachere Beispiele als Marcus. Das einfachste besitzt nur zwei Knoten und zwei Pfeile.

Forschung ist eine fortdauernde Aktivität, und ich glaube, wir müssen noch weiter gehen als Hadamard und Poincaré, um den Prozess von Erfindung oder Entdeckung in der Mathematik zu verstehen. Ihr Dreistufenmodell gilt für einen einzelnen „Erfindungsschritt" oder „Denkschritt". Das Lösen der meisten Forschungsprobleme umfasst jedoch ganze Folgen solcher Schritte. Jeder Schritt kann in Folgen von Unterschritten zergliedert werden, und diese Unterschritte wiederum in Unter-Unterschritte. Wir haben also statt eines einfachen Dreistufenprozesses ein kompliziertes Netzwerk von solchen Prozessen. Hadamard und Poincaré beschrieben eine grundlegende Taktik mathematischen Denkens; Forschung ähnelt aber eher einer strategischen Schlacht. Die Strategie des Mathematikers verwendet diese Taktik immer und immer wieder auf verschiedenen Stufen und auf verschiedene Arten.

Wie lernst Du es, eine Strategin zu werden? Nimm Dir ein Beispiel an den Generälen. Studiere die Taktiken und Strategien der großen Praktiker der Vergangenheit und der Gegenwart. Beobachte, analysiere, lerne und verinnerliche. Und eines Tages — und dieser Tag kommt vielleicht schneller, als Du denkst, Meg — werden andere Mathematiker von *Dir* lernen.

✉ Wie man Mathematik lernt 7

Liebe Meg,

inzwischen hast Du sicher schon bemerkt, dass die Qualität der Lehre in einer Universität sehr breit gefächert ist. Das rührt daher, dass Deine Professoren und ihre Hilfskräfte nicht nach ihrer Fähigkeit zu lehren eingestellt, weiterbeschäftigt oder befördert werden. Sie sind an der Universität, um zu forschen. Die Lehre dagegen ist, obwohl aus einer Vielzahl von Gründen notwendig und wichtig, für viele ganz klar zweitrangig. Manche Deiner Professoren sind sicher spannende Dozenten und hingebungsvolle Mentoren. Andere sind dies, wie Du herausfinden wirst, weit weniger. Du wirst einen Weg finden müssen, auch mit den Dozenten klar zu kommen, deren beste Eigenschaften sich nicht gerade im Seminarraum zeigen.

Ich hatte einmal einen Dozenten, der – davon bin ich überzeugt – einen Weg entdeckt hatte, die Zeit stillstehen zu lassen. Meine Kommilitonen stimmten dieser These nicht zu, fanden aber, die schlaffördernden Kräfte des Lehrers müssten ganz sicher militärischen Nutzen haben.

Die unüberschaubare Menge an Büchern, die zum Thema „Mathematik lehren" geschrieben wurde, könnte den Eindruck hinterlassen, dass die Lehrer die Ursache für alle Schwierigkeiten der Mathematikstudenten seien und die Lehrenden die Aufgabe hätten, die Probleme der Stu-

dierenden zu beseitigen. Natürlich werden die Lehrenden auch dafür bezahlt, aber es gibt *eine* Last, die Studenten selbst tragen müssen: Sie müssen verstehen, wie man lernt.

Wie jedes Lehren ist auch das Unterrichten von Mathematik eine Kunst. Die Welt ist kompliziert und unordentlich und voll offener Fragen. Die Aufgabe des Lehrers besteht darin, Ordnung in die Verwirrung zu bringen, eine chaotische Folge von Episoden in eine zusammenhängende Erzählung zu verwandeln. Daher wird Deine Ausbildung in ganz bestimmte Module oder Kurse aufgeteilt, und jeder Kurs wird einen sorgfältig erarbeiteten Lehrplan und einen Text aufweisen. In einigen Ausbildungsgängen – zum Beispiel an manchen amerikanischen öffentlichen Schulen – legt dieser Lehrplan fest, welche Seiten im Text und welche Probleme an welchem Tag angegangen werden. In anderen Staaten und in höheren Semestern hat die oder der Lehrende mehr Freiheiten, einen eigenen Weg durch das Material zu wählen. Die Vorlesungsnotizen ersetzen dann das Lehrbuch.

Da die Dozenten die vorgegebenen Themen Schritt für Schritt bearbeiten, denken viele Studenten, dies sei die Art, wie man Stoff erlernt. Es ist sicher keine schlechte Idee, sich systematisch durch das Lehrbuch zu arbeiten, aber es gibt auch andere Lernstrategien.

Viele Studenten glauben: Wenn man etwas nicht versteht, dann soll man nicht weiterlesen, sondern im Text zurückgehen und den unverständlichen Abschnitt noch einmal lesen; und das wiederholen sie, bis das Licht schwindet – entweder in ihren Köpfen oder draußen vor den Fenstern der Bibliothek.

Diese Methode ist fast immer fatal. Ich erzähle meinen Studenten stets: Lest einfach weiter. Erinnert Euch daran, dass es da eine Schwierigkeit gibt. Lügt Euch nicht vor, alles sei eitel Sonnenschein, aber macht einfach weiter.

Oft wird der nächste Satz oder der nächste Absatz Euer Problem lösen.

Hier ist ein Beispiel aus meinem Buch *The Foundations of Mathematics*, das ich zusammen mit David Tall geschrieben habe. Auf Seite 16 führen wir in das Thema der reellen Zahlen ein und bemerken, dass »die Griechen herausfanden, dass es Strecken gibt, deren Länge theoretisch nicht exakt mit einer *rationalen* Zahl gemessen werden kann«.

An dieser Stelle könnte man sehr leicht ins Stocken geraten. Was heißt „messen"? Das wurde noch nicht definiert, und es findet sich – Hilfe! – auch nicht im Index. Und wie haben die Griechen diese Tatsache überhaupt herausgefunden? Sollte ich das aus einem früheren Kurs wissen? Oder aus diesem Kurs? Habe ich irgendetwas verpasst? Die vorangehenden Seiten des Lehrbuches helfen auch nicht weiter, gleichgültig wie oft man sie liest. Du könntest Stunden damit zubringen, ohne irgendwohin zu gelangen.

Also, mach das nicht. Lies weiter. Die nächsten Sätze erklären, wie uns der Satz des Pythagoras zu einer Strecke führt, deren Länge die Quadratwurzel von 2 ist. Es wird festgestellt, dass es keine rationale Zahl m/n gibt, für die $(m/n)^2 = 2$ gilt. Dies wird anschließend bewiesen, indem geschickt die Tatsache genutzt wird, dass jede ganze Zahl eindeutig als Produkt von Primzahlen dargestellt werden kann. Als Ergebnis wird zusammengefasst, dass „keine rationale Zahl zum Quadrat die Zahl 2 ergeben kann und dass daher die Hypotenuse des gegebenen Dreiecks keine rationale Länge hat".

Wahrscheinlich ist jetzt alles wieder an seinem Platz. „Messen" hat vermutlich die Bedeutung „hat eine Länge gleich". Der Gedankengang der Griechen, auf den so lässig hingewiesen wurde, verwendet zweifelsohne den Satz des Pythagoras. Es hilft, wenn man weiß, dass Pythagoras

Grieche war. Und Du solltest erkennen können, dass die Formulierung „Die Quadratwurzel von 2 ist nicht rational" gleichbedeutend ist mit „Keine rationale Zahl kann quadriert 2 ergeben".

Das Geheimnis ist gelöst.

Wenn Du jetzt *immer noch* feststeckst, nachdem Du so tapfer nach Erleuchtung gesucht hast, dann ist die Zeit gekommen, zu Deinem Tutor oder Dozenten zu gehen und um Hilfe zu bitten. Bei Deinen Problemlösungsversuchen hast Du Dein Gehirn aktiviert, und daher wirst Du jetzt die Erklärungen des Dozenten viel besser verstehen können. Dieses Stadium ähnelt sehr Poincarés Stufe der „Inkubation", die bei schönem Wetter und frischem Wind zur Illumination führt.

Es gibt noch eine andere Möglichkeit, aber dabei ist die Hilfe des Dozenten vermutlich unabdingbar. Trotzdem kannst Du den Boden schon einmal vorbereiten. Wann immer Du in Mathematik an einer bestimmten Stelle hängen bleibst, dann ist die Ursache gewöhnlich die, dass Du ein *anderes* mathematisches Gebiet nicht richtig verstanden hast, das hier nicht mehr explizit erwähnt wird, weil man davon ausgeht, dass es beherrscht wird. Du erinnerst Dich an die umgekehrte Pyramide des mathematischen Wissens? Vielleicht hast Du vergessen, was eine rationale Zahl ist, was Pythagoras bewiesen hat oder wie sich die Quadratwurzeln zu den Quadratzahlen verhalten. Oder Du fragst Dich, warum es wichtig ist, dass es eine eindeutige Lösung bei der Faktorisierung von Primzahlen gibt. Sollte das der Fall sein, dann brauchst Du keine Hilfe bei dem Beweis, dass die Quadratwurzel aus 2 irrational ist; Du brauchst Unterstützung bei der Wiederholung der rationalen Zahlen, der Primfaktoren oder der elementaren Geometrie.

Es bedarf einer gewissen Einsicht in Deine eigenen Denkprozesse und auch einer gewissen Disziplin, wenn

Du haargenau feststellen willst, was Du nicht verstehst, um dann den Bezug zu Deinen augenblicklichen Schwierigkeiten zu erkennen. Deine Tutoren kennen sich damit aus und werden nach Lösungen suchen. Dennoch ist es ein guter Trick, *alleine* aktiv zu werden – wenn Du das kannst.

Um es kurz zu machen: Wenn Du denkst, nicht weiterzukommen, mach trotzdem weiter und hoffe darauf, die erhellende Information zu erhalten. Aber merke dir, an welcher Stelle Du hängen geblieben bist, falls diese Methode nicht funktioniert. Sollte das der Fall sein, dann kehre zur Problemstelle zurück und suche das zuvor Bearbeitete so lange ab, bis Du einen Punkt erreichst, an dem Du sicher bist, den Stoff verstanden zu haben. Dann versuche Dich erneut voranzuarbeiten.

Dieser Prozess ähnelt sehr einer allgemeinen Methode, Labyrinthe zu entwirren. Computerwissenschaftler nennen sie „erste Tiefensuche": Begebe Dich möglichst tief in das Labyrinth hinein. Wenn Du nicht weiter kommst, dann bewege Dich zum ersten Punkt zurück, an dem es einen alternativen Weg gibt, und folge diesem. Begehe niemals denselben Pfad zweimal. Dieser Algorithmus bringt Dich sicher durch jedes Labyrinth. Die analoge Methode beim Lernen hat nicht diese hohe Erfolgsgarantie, aber sie ist dennoch eine sehr gute Taktik.

Als Student betrieb ich diese Methode bis zum Exzess. Gewöhnlich durchblätterte ich einen mathematischen Text, bis ich etwas Interessantes entdeckte. Dann arbeitete ich mich zurück, bis ich alles aufgespürt hatte, was ich zum Lesen des interessanten Teilstückes benötigte. Ich empfehle diese Methode nicht für jedermann, aber sie zeigt, dass es Alternativen dazu gibt, mit Seite 1 anzufangen und kontinuierlich fortzufahren, bis man bei Seite 250 angelangt ist.

Ich möchte Dir noch dringend zu einem weiteren nützlichen Trick raten. Er klingt zuerst nach jeder Menge

zusätzlicher Arbeit, aber ich versichere Dir, er wird sich lohnen.

Lies um Dein Thema herum!

Lies nicht nur den Text, den Du lesen sollst. Bücher sind teuer, aber Universitäten haben Bibliotheken. Suche Dir einige Bücher zum gleichen Thema oder zu ähnlichen Themen. Lies sie in eher beiläufiger Weise. Überblättere alles, was zu schwer oder zu langweilig ist. Konzentriere Dich auf das, was Dein Interesse erregt. Du wirst überrascht sein, wie oft Du etwas liest, das Dir nächste Woche oder nächstes Jahr weiterhilft.

Bevor ich nach Cambridge ging, um Mathematik zu studieren, las ich über den Sommer Dutzende von Büchern in eben dieser unbeschwerten Art. Ich erinnere mich, dass eines von „Vektoren" handelte. Der Autor definierte sie als »Größen, die eine Länge und eine Richtung besitzen«. Damals hatte das für mich wenig Sinn, aber ich mochte die eleganten Formeln und einfachen Diagramme mit jeder Menge Pfeilen, und so überflog ich das Buch mehr als einmal. Dann vergaß ich es. Bei der Eröffnungsvorlesung über Vektoren rastete plötzlich alles am richtigen Platz ein. Ich verstand genau, was der Autor mir hatte sagen wollen, *bevor* der Dozent so weit war. All die Formeln schienen glasklar: Ich wusste, warum sie richtig waren.

Ich kann nur vermuten, dass mein Unterbewusstes aufgewirbelt worden war, genau wie es Poincaré behauptet hat, und in der Zwischenzeit hatte es aus meinen halbherzigen Streifzügen durch das Buch über Vektoren eine Art von Ordnung geschaffen. Es wartete nur noch auf einige einfache Hinweise, bevor es ein zusammenhängendes Bild formen konnte.

Mit „Lies um Dein Thema herum" meine ich nicht nur das technische Material. Lies Eric Temple Bells Buch *Men of Mathematics*, immer noch eine witzige Lektüre,

obwohl manche der Geschichten erfunden und Frauen nahezu unsichtbar sind. Lies stichprobenartig die großen Werke der Vergangenheit. James Newmans *The World of Mathematics* ist eine vierbändige Ausgabe faszinierender Schriften über Mathematik – von den alten Ägyptern bis zur Relativitätstheorie. In den letzten Jahren hat es eine Flut populärer Mathematikbücher gegeben – über die Riemann-Hypothese, das Vierfarbentheorem, π, die Unendlichkeit, verrückte Mathematiker, über die Art und Weise, wie das menschliche Gehirn mathematische Gedanken denkt, über Fuzzy-Logik und Fibonacci-Zahlen. Es gibt sogar Bücher über die Anwendung mathematischer Muster auf Lebewesen, wie D'Arcy Thompsons Klassiker *Über Wachstum und Form*. Das Buch mag für Biologen veraltet sein (da es geschrieben wurde, lange bevor die Struktur der DNA gefunden wurde), aber seine Hauptbotschaft ist immer noch gültig.

Solche Bücher werden Deine Wertschätzung dessen, was Mathematik ist, vertiefen, sie werden Dir zeigen, wozu Mathematik gebraucht werden kann und wo ihr Platz in der menschlichen Kultur ist. Wahrscheinlich wird es keine einzige Frage zu irgendeinem dieser Themen in Deinem Examen geben. Aber wenn Du Dir dieser Themen bewusst bist, wirst Du eine bessere Mathematikerin werden und in der Lage sein, mit größerer Sicherheit das Wesentliche eines neuen Themas zu erfassen.

Außerdem gibt es bestimmte Techniken zur Verbesserung der Lernfähigkeit. Der große amerikanische Mathematiklehrer George Pólya hat viele von ihnen in seinem Klassiker *Vom Lösen mathematischer Probleme* gesammelt. Er war der Auffassung, der einzige Weg, Mathematik richtig zu verstehen, sei die aktive Methode: Probleme angehen und sie lösen. Er hatte Recht. Aber diese Methode kann man nicht erlernen, wenn Du bei jedem Problem, das Du angehst, stecken bleibst. Daher werden Dir Deine

Lehrer eine sorgfältig ausgewählte Folge von Problemen vorlegen, die mit Routinerechnungen beginnen, um dann zu anspruchsvollen Fragen zu führen. Pólya bietet viele Tricks an, um die Fähigkeiten zur Problemlösung zu verbessern. Er beschreibt sie viel besser, als ich das könnte, trotzdem gebe ich Dir eine kleine Auswahl. Wenn Dich ein Problem verwirrt, dann versuche es in eine einfachere Form umzuwandeln. Suche Dir ein gutes Beispiel, und probiere Deine Ideen an ihm aus. Später kannst Du eine Verallgemeinerung auf das Ausgangsproblem treffen. Wenn Du beispielsweise ein Problem zum Thema Primzahlen hast, dann versuche es mit 7, 13 oder 47. Arbeite Dich dann von der Lösung aus zurück: Welche Schritte waren zu gehen, um zur Lösung zu gelangen? Probiere mehrere Beispiele aus, und suche nach gemeinsamen Mustern. Wenn Du eines findest, dann setze Dich an den Beweis, dass das Muster *immer* auftreten muss.

Wie Du, Meg, in Deinem Brief bemerkt hast, besteht einer der Hauptunterschiede zwischen der Schule und der Universität darin, dass die Studenten an der Universität eher wie Erwachsene behandelt werden. Das bedeutet, in einem viel höheren Maß zu schwimmen oder unterzugehen, zu bestehen oder durchzufallen oder sich ein anderes Fach zu suchen. Für den, der fragt, wird viel Hilfe angeboten, aber auch das setzt mehr Initiative voraus als in der Schule. Niemand wird Dich an die Hand nehmen und sagen: „Es sieht aus, als hättest Du Probleme."

Auf der anderen Seite ist die Belohnung für diese Selbstständigkeit viel größer. In der Schule waren alle dankbar, wenn Du kein Problem warst und keine besondere Aufmerksamkeit erfordertest. Wenn Du nicht extremes Glück hattest, dann war das Höchste, was die Schule Dir als außergewöhnliche Schülerin bieten konnte (außer den Versetzungsnoten), ein Mathematik-Club und vielleicht

ein oder zwei Auszeichnungen. An der Universität triffst Du auf wirkliche Gelehrte, die auf der Suche nach jungen Menschen sind, die wirkliche Mathematik betreiben können. Und sie warten nur darauf, dass Du aus der Menge herausstichst – wenn Du das kannst.

✉ Furcht vor Beweisen 8

Liebe Meg,

Du hast ganz Recht: Einer der größten Unterschiede zwischen der Schulmathematik und der Universitätsmathematik ist der Beweis. In der Schule lernen wir, *wie* wir Gleichungen lösen oder den Flächeninhalt eines Dreiecks finden. Auf der Universität lernen wir, *warum* diese Lösungsmethoden funktionieren, und beweisen sie. Die Mathematiker sind geradezu besessen von der Idee des „Beweises". Und, jawohl, er stößt viele Leute ab. Ich nenne sie Beweisphobiker. Im Gegensatz dazu sind Mathematiker Beweisfanatiker: Liegen auch noch so viele offensichtliche Belege für die Richtigkeit einer mathematischen Aussage vor, der wahre Mathematiker ist erst zufrieden, wenn er diese *bewiesen* hat. Und zwar streng mathematisch, vollständig präzise und eindeutig.

Dafür gibt es einen guten Grund. Ein Beweis bietet die unumstößliche Gewähr, dass eine Idee richtig ist. Kein experimenteller Nachweis kann ihn ersetzen.

Schauen wir uns einmal einen Beweis an, um zu verstehen, wie er sich von anderen Formen von Nachweisen unterscheidet. Ich wähle keine Aufgabe, für die man mathematische Techniken benötigt, denn diese verstellen nur den Blick auf die Grundidee. Mein nichttechnischer Lieblingsbeweis ist das SHIP-DOCK-Theorem, ein Wortspiel, bei dem es darum geht, ein Wort schrittweise in ein

anderes zu verwandeln: CAT, COT, COG, DOG. Bei jedem Schritt darf man nur exakt einen Buchstaben ändern – aber nicht verschieben –, und das Ergebnis muss ein gültiges Wort (laut Webster) sein. Unser Wortpuzzle ist nicht besonders schwer zu lösen:

SHIP
SHOP
SHOT
SLOT
SOOT
LOOT
LOOK
LOCK
DOCK

Es gibt eine Vielzahl anderer Lösungen. Aber mir geht es nicht um eine oder mehrere Lösungen als solche – ich bin an etwas interessiert, das sich auf *jede* Lösung anwenden lässt. Denn bei irgendeinem Schritt muss ein Wort gebildet werden, das zwei Vokale enthält, wie etwa SOOT (und LOOT und LOOK) in unserer speziellen Antwort. Ich meine hierbei *genau* zwei Vokale, keinen mehr und keinen weniger.

Um Einwänden vorzugreifen, möchte ich zunächst klarstellen, was mit „Vokal" gemeint ist. Ein heikles Problem stellt der Buchstabe Y dar. In YARD ist der Buchstabe Y ein Konsonant, aber in WILY ist er ein Vokal. Ebenso steht der Buchstabe W in CWMS für einen Vokal: *cwm* ist walisisch und bezieht sich auf eine geologische Formation, für die es kein englisches Wort gibt, obwohl *corrie* (schottisch) und *cirque* (französisch) Alternativen darstellen. Wir müssen sehr vorsichtig sein, wenn Buchstaben das eine Mal Vokale und das andere Mal Konsonanten darstellen. Um solche Wörter, die alle Scrabblespieler lieben,

auszuschließen, wirft man am besten den Webster weg und definiert „Vokal" und „Wort" im eingeschränkten Sinne. Für unsere Diskussion hier steht „Vokal" für einen der Buchstaben A, E, I, O, U und ein „Wort" muss *mindestens* einen dieser fünf Buchstaben enthalten. Alternativ könnten wir bestimmen, dass Y und W *immer* als Vokale zählen, auch wenn sie als Konsonanten verwendet werden. Wir können aber nicht zulassen, dass Buchstaben manchmal als Vokale und manchmal als Konsonanten gelten. Ich werde darauf später zurückkommen.

Es geht an dieser Stelle nicht um die Frage, welche Konvention in der Linguistik die richtige ist; ich stelle vielmehr eine vorläufige Konvention für einen spezifischen mathematischen Zweck auf. Manchmal erreicht man in der Mathematik am ehesten Fortschritte, wenn man Vereinfachungen einführt, und das mache ich hier. Diese Vereinfachungen treffen keine Feststellungen über die Außenwelt, sondern dienen lediglich dazu, den Bereich des Diskurses einzuschränken und ihn bearbeitbar zu machen. Eine umfassendere Analyse könnte vermutlich auch Sonderbuchstaben wie Y einbeziehen, aber das würde die Angelegenheit für unsere Zwecke zu kompliziert machen.

Unter diesem Vorbehalt also die Frage: Stimmt es, dass jede Lösung des SHIP-DOCK-Puzzles ein Wort (in dem neuen restriktiven Sinn) beinhaltet, das exakt *zwei* Vokale (in dem neuen restriktiven Sinn) hat?

Ich suche, um das zu überprüfen, nach einer anderen Lösung:

SHIP
CHIP
CHOP
COOP
COOT

ROOT
ROOK
ROCK
DOCK

Hier finden wir zwei Vokale in COOP, COOT, ROOT und ROOK. Aber auch wenn *viele* individuelle Lösungen irgendwo zwei Vokale haben, ist das kein Beweis, dass dies für *alle* Lösungen zutrifft. Ein Beweis ist ein logisches Argument, das keinen Platz für Zweifel lässt. Das „Theorem", das ich hier nach langem Nachdenken vorschlage, scheint zunächst offensichtlich zu sein. Je mehr man darüber nachdenkt, wie Vokale ihre Positionen verändern können, desto klarer wird, dass es irgendwo auf diesem Weg exakt zwei Vokale geben muss. Aber das Gefühl, dass etwas „offensichtlich" ist, macht noch keinen Beweis aus. Das Theorem ist zudem insofern subtil, als einige Wörter mit vier Buchstaben drei Vokale enthalten, zum Beispiel OOZE.

Ja, aber … auf dem Weg zu einem Wort mit drei Vokalen müssen wir doch sicherlich auf ein Wort mit zwei Vokalen stoßen? Richtig, aber das ist auch noch kein Beweis, obwohl hilfreich bei dem Versuch, ihn zu finden. *Warum* müssen wir auf ein Wort mit zwei Vokalen stoßen?

Es ist sinnvoll, auf die Details zu achten. Behalte im Auge, wohin die Vokale wandern. Am Anfang steht ein Vokal an der dritten Stelle. Am Ende soll ein Vokal an der zweiten Stelle stehen. Aber − und dies ist eine einfache, aber wesentliche Einsicht − ein Vokal kann seine Position nicht in einem Schritt ändern, denn das wäre gleichbedeutend damit, dass sich *zwei* Buchstaben geändert haben. Lass uns diesen Gedanken in logischer Form festhalten, um uns auf ihn stützen zu können. Hier ist eine Möglichkeit: An einem bestimmten Punkt muss ein Konsonant an der zweiten Stelle zu einem Vokal werden, ohne

dass sich die anderen Buchstaben verändern; an einem anderen Punkt muss ein Vokal an der dritten Stelle zu einem Konsonanten werden. Vielleicht gehen noch andere Vokale und Konsonanten ein und aus, aber was auch immer passieren mag, wir können gewiss sein, dass ein Vokal seine Position nicht in *einem* Schritt ändern kann. Wie verändert sich die Anzahl der Vokale in einem Wort? Sie kann gleich bleiben; sie kann sich um 1 erhöhen (wenn sich ein Konsonant in einen Vokal verwandelt), oder sie kann sich um 1 verringern (wenn sich ein Vokal in einen Konsonanten verwandelt). Es gibt keine andere Möglichkeit. Die Anzahl der Vokale beginnt bei SHIP mit 1 und endet mit 1 bei DOCK, aber sie kann nicht bei jedem Schritt 1 sein, denn dann müsste der einzige Vokal an derselben Stelle – Position drei – bleiben. Und wir wissen, dass er auf Stelle zwei landen muss.

Ein Vorschlag: Denk an den ersten Schritt, bei dem sich die Anzahl der Vokale ändert. Die Anzahl der Vokale muss vor jenem Schritt stets 1 gewesen sein. Deshalb ändert sie sich von 1 zu einer anderen Zahl. Die einzigen Möglichkeiten sind 0 und 2, denn die Zahl vergrößert oder verringert sich um 1.

Könnte es 0 sein? Nein, denn das würde bedeuten, dass das Wort überhaupt keine Vokale hätte, und laut Definition kann dies auf kein „Wort" in unserem eingeschränkten Sinne zutreffen. Deshalb enthält das Wort zwei Vokale – Ende des Beweises. Wir haben kaum mit der Problemanalyse angefangen, und schon ist ein Beweis ganz von alleine aufgetaucht. Dies passiert oft, wenn man dem Weg des geringsten Widerstands folgt. Allerdings wird es erst richtig interessant, wenn dieser Weg nirgendwo hin führt.

Eine gute Idee ist es immer, einen Beweis an Beispielen zu überprüfen, denn dann kannst Du oft logische Fehler entdecken. Lass uns also die Vokale zählen:

SHIP	1 Vokal
SHOP	1 Vokal
SHOT	1 Vokal
SLOT	1 Vokal
SOOT	2 Vokale
LOOT	2 Vokale
LOOK	2 Vokale
LOCK	1 Vokal
DOCK	1 Vokal

Laut Beweis müssen wir das erste Wort finden, bei dem diese Anzahl nicht 1 beträgt, und das ist das Wort SOOT, welches zwei Vokale hat. Somit hält der Beweis in diesem Beispiel stand. Darüber hinaus verändert sich bei jedem Schritt die Anzahl der Vokale höchstens um 1. Diese Fakten alleine bedeuten jedoch nicht, dass der Beweis richtig ist. Um sicherzugehen, muss man die logische Argumentationskette prüfen und sicherstellen, dass jedes Kettenglied unbeschädigt ist. Ich überlasse es dir, Dich davon zu überzeugen, dass dem so ist.

Beachte den Unterschied zwischen Intuition und Beweis. Die Intuition sagt uns, dass der einzelne Vokal in SHIP nicht auf eine andere Position springen kann, wenn nicht irgendwo ein neuer Vokal auftaucht. Aber diese Intuition macht noch keinen Beweis aus. Der Beweis kommt erst zum Vorschein, wenn wir versuchen, die Intuition zu fixieren: Die Anzahl der Vokale ändert sich, aber wann? Wie muss die Veränderung aussehen?

Es wird uns nicht nur klar, dass zwei Vokale auftreten müssen; wir verstehen auch, warum dies unausweichlich ist.

Wenn ein Buchstabe manchmal ein Vokal und manchmal ein Konsonant sein kann, dann bricht dieser spezielle Beweis zusammen. So gibt es etwa diese Folge von Dreibuchstabenwörtern:

SPA
SPY
SAY
SAD

Wenn wir Y in SPY als einen Vokal ansehen, aber als einen Konsonanten in SAY (was strittig, aber vertretbar ist), dann hat jedes Wort einen einzigen Vokal, aber die Vokalposition wechselt. Ich glaube nicht, dass dieser Effekt zu Problemen führt, wenn man SHIP zu DOCK ändert, aber das hinge von einer näheren Analyse der vorhandenen Wörter im Wörterbuch ab. Die reale Welt kann lästig sein. Wörterrätsel machen Spaß (versuche einmal ORDER in CHAOS zu verwandeln). Das SHIP-DOCK-Rätsel lehrt uns manches über Beweise und Logik und über die Idealisierungen, die dabei beteiligt sind, wenn wir Mathematik zur Modellierung der realen Welt heranziehen.

Es gibt zwei große grundsätzliche Fragen zu Beweisen. Die erste Frage, über die sich Mathematiker den Kopf zerbrechen, lautet: Was *ist* ein Beweis? Der Rest der Welt hat eine andere Frage: Warum benötigen wir Beweise?

Lass mich diese Fragen in umgekehrter Reihenfolge beantworten – die eine jetzt gleich und die andere in einem späteren Brief.

Ich bin zu der Auffassung gelangt, dass Menschen normalerweise nur dann fragen, warum etwas notwendig ist, wenn sie sich dabei unwohl fühlen und hoffen, zukünftig davon verschont zu werden. Ein Student, der weiß, wie man Beweise konstruiert, fragt nie danach, wofür sie gut sind. Auch fragt kein Student, der umfangreiche Kopfrechnungen und gleichzeitig einen Handstand machen kann, wozu das Ganze gut ist. Menschen, die Freude an einer Aktivität haben, spüren selten den Drang, deren Wert infrage zu stellen; die Freude daran ist genug. Deswegen hat der Student, der nach dem Warum von Beweisen fragt,

vermutlich Probleme damit, sie zu verstehen oder eigene
Beweise zu entwickeln. Er hofft auf die Antwort: „Es gibt
keinen Grund, sich wegen der Beweise den Kopf zu zerbrechen. Sie sind vollkommen nutzlos. Ich habe sie
sowieso aus dem Lehrplan gestrichen, und sie kommen in
der Klausur nicht vor." So einfach ist das aber nur in seinen Träumen!

Die Frage nach dem Warum ist dennoch eine gute Frage,
und wenn ich es bei dem eben Gesagten belasse, dann
drücke ich mich offenkundig genauso vor der Antwort
wie jeder Student mit einer Beweisphobie.
Mathematiker benötigen Beweise, um ehrlich zu bleiben. Alle technischen Bereiche menschlicher Aktivität
müssen den Realitätstest bestehen. Es reicht nicht zu glauben, dass etwas funktioniert, dass etwas eine gute Vorgehensweise ist oder dass etwas wahr ist. Wir müssen wissen, *warum* etwas wahr ist. Ansonsten wissen wir überhaupt nichts.

Ingenieure testen ihre Ideen, indem sie Objekte bauen
und prüfen, ob sie aufrecht stehen bleiben oder in sich
zusammenfallen. Anstatt wirkliche Brücken zu bauen, verwenden sie in zunehmendem Maße Simulationen. Dabei
beziehen sie sich auf die Physik und die Mathematik, die
Quelle ihrer Rechenregeln und Algorithmen. Dennoch
können unerwartete Probleme auftreten. Die Millenni-
umsbrücke, eine Fußgängerbrücke über die Themse in
London, sah in den Computermodellen einwandfrei aus.
Als sie jedoch bei der Eröffnung von einer Menschenmenge überquert wurde, schwang sie plötzlich in alarmie-
render Weise hin und her. Sie war zwar sicher und drohte
auch nicht einzustürzen. Allerdings war es kein Vergnügen, sie zu überqueren. In diesem Moment wurde klar,
dass man in den Simulationen nur sanfte Bewegungen der
Passanten modelliert, aber Vibrationen durch feste
Schritte ignoriert hatte.

Dabei weiß das Militär bereits seit langer Zeit, dass Soldaten, die eine Brücke überqueren, nicht im Gleichschritt marschieren sollten. Die Wucht von Hunderten synchronisierter rechter Fußtritte kann Vibrationen auslösen und ernsthafte Schäden verursachen. Ich vermute, dass diese Tatsache bereits den Römern bekannt war. Niemand erwartete eine vergleichbare Synchronisation beim Überqueren einer Brücke, doch die Menschen reagieren auf deren Schwingung, und sie tun dies in ähnlicher Weise und zur gleichen Zeit. Als die Brücke also in leichte Schwingungen geriet – vielleicht aufgrund eines Windstoßes –, fing die Menschenmenge an, sich synchron zu bewegen. Je mehr die Schritte sich synchronisierten, desto mehr bewegte sich die Brücke; dies wiederum verstärkte die Synchronisation der Schritte. Bald schon schwang die Brücke heftig von einer Seite zur anderen.

Physiker verwenden die Mathematik, um das, was sie amüsiert die reale Welt nennen, zu studieren. Sie ist in gewissem Sinne real, aber etliches in der Physik bezieht sich auf ziemlich künstliche Aspekte der Realität, wie zum Beispiel ein einsames Elektron oder ein Solarsystem mit nur einem Planeten.

Physiker reden oft mit Verachtung über Beweise, zum Teil aus Furcht, aber auch weil das Experiment ihnen ein effektives Mittel an die Hand gibt, Vermutungen und Berechnungen zu prüfen. Wenn eine intuitiv plausible Idee zu Ergebnissen führt, die mit denen des Experiments übereinstimmen, dann hat es keinen Sinn, das gesamte Fach so lange auszubremsen, bis ein eindeutiger Beweis gefunden wurde. Das finde ich auch. So gibt es zum Beispiel Berechnungen in der Quantenfeldtheorie, die keiner strengen logischen Überprüfung standhalten, aber mit den Experimenten auf neun Stellen hinter dem Komma übereinstimmen. Es wäre töricht zu behaupten, dass diese

Übereinstimmung purer Zufall ist und kein physikalisches Prinzip dahinter steckt.

Mathematiker gehen an dieser Stelle jedoch weiter. Sie sagen, angesichts der beeindruckenden Übereinstimmung sei es töricht, nicht nach der tieferen Logik zur Begründung der Rechengänge zu suchen. Diese Einsichten könnten die Physik vorantreiben; falls nicht, dann würde immerhin die Mathematik profitieren. Oft wirkt sich die Mathematik indirekt auf einen anderen Bereich der Physik aus, aber auch in diesem Fall ist sie ein Gewinn.

Darum also, Meg, sind Beweise notwendig − auch für Menschen, die lieber nichts mit ihnen zu tun haben wollen.

✉ Können Computer nicht alle Probleme lösen? 9

Liebe Meg,

klar, Computer können sehr viel schneller rechnen als Menschen und dazu noch sehr viel genauer. Ich nehme an, das hat einige Deiner Freunde dazu veranlasst, den Wert Deines Studiums infrage zu stellen. Es gibt den Standpunkt, Computer machten Mathematiker überflüssig. Ich kann Dir versichern: Dem ist nicht so.

Jeder, der glaubt, Computer könnten Mathematiker verdrängen, versteht weder etwas von Computern noch von Mathematik. Genauso gut könnte man sagen, wir brauchen jetzt, da wir Mikroskope haben, keine Biologen mehr. Möglicherweise besteht das Missverständnis, das diesem Irrglauben zugrunde liegt, darin, Mathematik einfach mit Arithmetik gleichzusetzen, und da Computer arithmetische Berechnungen schneller und genauer als Menschen ausführen können, stellt sich die Frage, warum wir dann noch Menschen brauchen. Aber natürlich ist Mathematik bei weitem nicht nur Arithmetik.

Die Mikroskope haben die Biologie spannender gemacht – nicht weniger spannend –, denn sie haben neue Wege eröffnet, sich dem Gegenstand zu nähern. Das Gleiche gilt für Computer und Mathematik. Computer haben etwas sehr Interessantes und Wichtiges für die Mathematiker vollbracht: Sie ermöglichen es, Experimente sehr schnell durchzuführen. Diese Experimente überprüfen

Vermutungen; gelegentlich offenbaren sie, dass das, was wir zu beweisen hofften, falsch ist, und immer häufiger führen Computer gigantische Kalkulationen durch, mit deren Hilfe wir Theoreme beweisen können, die ansonsten außerhalb unserer Reichweite wären. Manchmal haben die Leute schon Recht, wenn sie glauben, Mathematik bestehe aus großen Zahlen.

Nimm zum Beispiel die Goldbach-Vermutung. Im Jahre 1742 schrieb der Amateur-Mathematiker Christian Goldbach an Leonhard Euler, jede gerade Zahl sei – soweit er das verifizieren könne – die Summe von zwei Primzahlen. So ist beispielsweise $8 = 3 + 5$, $10 = 5 + 5$ und $100 = 3 + 97$. Da er im Kopf rechnete, konnte Goldbach seine Vermutung nur an einer begrenzten Zahlenmenge überprüfen. Auf einem modernen Computer kann man schnell Milliarden von Zahlen überprüfen: Der augenblickliche Rekord liegt bei 2×10^{17}. Jede Überprüfung ergab, dass Goldbach Recht hatte. Dennoch wurde bislang kein Beweis für seine Vermutung gefunden, der sie in ein Theorem verwandelt hätte.

Warum sollten wir uns darüber grämen? Wenn eine Milliarde Experimente Goldbach bestätigen, muss doch richtig sein, was er sagte?

Das Problem besteht darin, dass Mathematiker Theoreme benutzen, um andere Theoreme zu beweisen. Eine einzelne falsche Aussage verdirbt im Prinzip die ganze Mathematik. (In der Praxis notieren wir die falsche Aussage, isolieren sie und vermeiden es, sie anzuwenden.) Die Zahl π ist beispielsweise ziemlich lästig; es wäre schön, wenn wir sie los wären. Wir könnten entscheiden, dass es keinen Schaden anrichten würde, π durch 3 zu ersetzen (wie es angeblich die Bibel tut, wenn man eine obskure Textstelle äußerst wörtlich nimmt) oder durch 22/7. Wenn man mit π lediglich den Durchmesser von Kreisen und dergleichen berechnen will,

dann ist ein guter Näherungswert weitgehend unschäd-
lich. Wenn Du aber wirklich glaubst, π sei *gleich* 3, dann sind
die Auswirkungen viel gravierender. Ein einfacher Gedankengang soll eine nicht beabsichtigte Konsequenz aufzei-
gen: Wenn $\pi = 3$, dann ist $\pi-3 = 0$; teilt man beide Seiten
durch $\pi-3$ (dank Archimedes wissen wir, dass das nicht
null ist; also ist die Division erlaubt), erhalten wir $1 = 0$.
Die Multiplikation mit jeder beliebigen Zahl beweist, dass
alle Zahlen null sind; daraus folgt, dass *alle Zahlen identisch sind*. Wenn Du also zu Deiner Bank gehst, um 100
Dollar vom Konto abzuheben, könnte der Kassierer Dir
einen Dollar geben und darauf bestehen, dass dies keinen
Unterschied mache. Und er hätte Recht, weil Du mit Deinem Dollar in ein Nobelkaufhaus oder zu Rolls-Royce marschieren und behaupten könntest, er sei eine Million
wert. Mörder müsste man demnach nicht einsperren,
denn eine Person zu töten wäre das Gleiche wie keine Person zu töten; andererseits müsste jemand, der niemals in
seinem Leben Drogen angerührt hat, verhaftet werden,
denn der Besitz von null Gramm Kokain wäre das Gleiche
wie der Besitz von einer Million Tonnen ... und so weiter.

Mathematische Tatsachen passen zusammen und führen
über logische Folgerungen zu neuen Tatsachen. Eine
Deduktion ist nur so stark wie ihr schwächstes Glied. Um
sicher zu sein, müssen alle schwachen Glieder ersetzt
werden. Daher wäre es gefährlich, Goldbachs Vermutung
auf einem Computer für Zahlen bis meinetwegen 20 Stellen zu verifizieren und daraus zu schlussfolgern, die Vermutung müsse *wahr* sein.

Wahrscheinlich denkst du: Ian ist ein wenig pedantisch.
Wenn eine Behauptung für solch große Zahlen richtig ist,
dann muss sie für alle Zahlen stimmen, nicht wahr?

Nein. So funktioniert das nicht. Zunächst einmal sind
20 Stellen im mathematischen Universum eine winzige

Größe. Der große Ozean der Zahlen erstreckt sich bis in die Unendlichkeit, und selbst eine Zahl mit einer Milliarde Stellen ist in gewissen Zusammenhängen klein. Ein klassisches Beispiel hierfür findet sich in der Primzahlentheorie. Obwohl es kein offensichtliches Muster in der Abfolge von Primzahlen gibt, fallen doch statistische Regelmäßigkeiten auf. Carl Friedrich Gauß fand um 1849, als er einen Brief über seine Entdeckung schrieb, eine gute Näherungsformel für die Anzahl der Primzahlen, die kleiner als eine bestimmte Zahl ist: Sie wird durch ihr „logarithmisches Integral" angenähert. Bald stellte man fest, dass die Annäherung etwas größer zu sein scheint als der korrekte Wert. Wiederum haben Computerexperimente diese Eigenschaft für Milliarden von Zahlen nachgewiesen.

Aber die Generalisierung ist falsch. John Littlewood bewies 1914, dass der korrekte Wert und die Annäherung durch logarithmische Integrale ihre Plätze unendlich oft vertauschen. Aber niemand kannte eine *bestimmte* Zahl, bei der der Näherungswert kleiner als der korrekte Wert war, bis Littlewoods Student Samuel Skewes 1933 bewies, dass eine solche Zahl höchstens $10^{10\,000\,000\,000\,000\,000\,000\,000\,000\,000\,000\,000\,000}$ Stellen haben müsse. Das sind 34 Nullen im *Exponenten*. Darüber hinaus beinhaltete sein Beweis eine Annahme – eine berüchtigte unbewiesene Feststellung –, die als Riemann-Hypothese bekannt ist. 1955 bewies Skewes, dass die 34 Nullen im Exponenten auf 1 000 Nullen erhöht werden müssen, wenn man die Riemann-Hypothese nicht annahm. Und diese gigantische Zahl, bitte halte Dir das vor Augen, ist nicht die Zahl, die wir suchen: Es ist die *Zahl der Stellen*, die diese Zahl besitzt.

Skewes' Zahl wurde seither auf $1{,}4 \times 10^{316}$ reduziert, eine vergleichsweise winzige Zahl.

Bei Zahlen dieser Größe ist die Art von Experiment, die wir auf einem Computer durchführen können, völlig irre-

levant. Und in der Zahlentheorie ist diese Größe eher typisch.

Wenn wir nur versuchten, Primzahlen durch logarithmische Integrale zu approximieren, würde das nichts ausmachen. Aber die Mathematik deduziert neue Tatsachen aus alten. Wie wir bei π gesehen haben, können – wenn die alte Tatsache falsch ist – darauf aufbauende Deduktionen die gesamte Basis der Mathematik zerstören. Es spielt keine Rolle, wie ausführlich die Belege durch Computerberechnungen sind. Wir müssen immer noch die graue Masse zwischen unseren Ohren bemühen. Computer können wertvolle Helfer sein – aber nur dann, wenn viele menschliche Gedanken in die Computerberechnungen eingegangen sind. Noch haben uns unsere eigenen Schöpfungen nicht überflüssig gemacht.

✉ Mathematische Geschichten 10

Liebe Meg,

in meinem vorletzten Brief habe ich Dir erzählt, warum Beweise notwendig sind. Jetzt wende ich mich der anderen dort aufgeworfenen Frage zu: Was ist ein Beweis?

Die ersten schriftlichen Beweise und die Begründung ihrer Notwendigkeit finden sich bei Euklid. In den *Elementen*, etwa 300 vor Christus geschrieben, wird ein Großteil der griechischen Geometrie in einer logischen Folge entfaltet. Euklid beginnt mit zwei Arten fundamentaler Annahmen, die er Axiome und Postulate nennt. Bei beiden handelt es sich im Grunde um eine Liste von Annahmen, die gelten sollen. Beispielsweise sagt Axiom 4, dass „alle rechten Winkel einander gleich sind", und Postulat 2: „Wenn gerade Zahlen addiert werden, ist auch ihre Summe gerade." Der Hauptunterschied besteht darin, dass sich die Axiome um geometrische Objekte drehen und die Postulate um Gleichheiten. In der Moderne bezeichnet man beides ohne Unterscheidung als Axiome.

Diese Annahmen dienen als logische Ausgangspunkte. Es wird kein Versuch unternommen, sie zu beweisen; sie sind die „Spielregeln" der euklidischen Geometrie. Es steht Dir frei, mit diesen Annahmen nicht einverstanden zu sein oder neue zu entwickeln. In diesem Fall spielst Du jedoch ein anderes Spiel mit anderen Regeln. Euklid ver-

suchte lediglich *sein* Spiel explizit zu machen, so dass die Spieler wissen, woran sie sind. Das ist die axiomatische Methode, die auch heute noch Verwendung findet. Spätere Mathematiker haben Lücken in der Logik Euklids festgestellt, unausgesprochene Annahmen, die in die Axiome aufgenommen werden sollten. Ein Beispiel: Jede Strecke, die durch einen Kreismittelpunkt verläuft, muss den Umfang schneiden, wenn die Strecke ausreichend lang ist. Einige versuchten, Euklids komplexestes Axiom zu beweisen, dass nämlich parallele Geraden untereinander weder konvergieren noch divergieren. Letztlich behauptete sich Euklids gutes Gespür: Man erkannte, dass alle Versuche dieser Art zum Scheitern verurteilt sind. In den Jahrhunderten seit Euklid hat die axiomatische Methode einige schwerwiegende Probleme aufgeworfen, die das philosophische Gewässer getrübt haben. Dazu gehört etwa Gödels Entdeckung, dass die logische Konsistenz der Mathematik selbst dann nie beweisbar wäre, wenn es sie geben sollte. Wir können mit den Ungewissheiten Gödels leben, wenn wir müssen – und wir *müssen* es.

Lehrbücher zur mathematischen Logik gründen ihre Definition von „Beweisen" auf das euklidische Modell. Ein Beweis ist, so sagen sie uns, eine endliche Folge logischer Schlussfolgerungen, die ihren Anfang bei Axiomen oder bereits bewiesenen Sätzen haben und zu einem Ergebnis führen, das man Theorem nennt. Wenn jeder Schritt den Regeln logischer Schlussfolgerung gehorcht – die man in den Lehrbüchern zur elementaren Logik finden kann –, dann ist das Theorem bewiesen.

Falls Du die Axiome anzweifelst, dann hast Du auch die Freiheit, das Theorem zu bezweifeln. Bevorzugst Du andere Regeln der Schlussfolgerung, dann steht es Dir frei, Deine eigenen zu entwickeln. Der Anspruch besteht lediglich darin, dass der Schluss von den Axiomen auf die

Richtigkeit des Theorems geleistet werden kann. Wenn für Dich die Zahl π gleichbedeutend mit der Zahl 3 ist, dann musst Du auch akzeptieren, dass alle Zahlen gleich sind. Wenn Du willst, dass verschiedene Zahlen voneinander unterscheidbar sind, dann musst Du anerkennen, dass π nicht gleich 3 ist. Du kannst aber nicht beliebig verfahren, so dass π gleich 3 ist, aber 0 ungleich 1 ist. So einfach und klar ist das.

Diese Definition des „Beweises" ist zwar schön und gut, aber sie wirkt fast so, als definiere man eine Symphonie als „eine Folge von Noten, die in Tonhöhe und Dauer variieren und die mit der ersten Note beginnt und mit der letzten endet". Etwas fehlt da. Außerdem schreibt kaum jemand einen Beweis in der Art, wie die Logikbücher sie fordern. 1999 grübelte ich über diese Diskrepanz nach, nachdem ich eine Einladung zu einer Konferenz in Abisko in Schweden über „Die Geschichten der Wissenschaft und die Wissenschaft der Geschichten" erhalten hatte. Abisko liegt nördlich des Polarkreises in Lappland, und eine Gruppe von etwa 30 Science-Fiction-Autoren, populärwissenschaftlichen Schriftstellern, Journalisten und Wissenschaftshistorikern wollten dort eine Woche auf der Suche nach Gemeinsamkeiten verbringen. Als ich darüber nachdachte, was ich ihnen sagen sollte, wurde mir plötzlich die Natur des Beweises klar.

Ein Beweis ist eine Geschichte.

Er ist eine Geschichte, die von Mathematikern für Mathematiker geschrieben wurde und in ihrer gemeinsamen Sprache verfasst ist. Sie hat einen Anfang (die Hypothesen) und ein Ende (die Schlussfolgerung), und sie zerfällt sofort in ihre Einzelteile, wenn es irgendwo logische Lücken gibt. Alles Bekannte oder Offensichtliche kann gefahrlos weggelassen werden, denn das Publikum kennt diese Inhalte und möchte, dass der Erzähler mit der Haupthandlung fortfährt. Wenn in einem Spionageroman

der Held am Ende eines brennenden Seiles baumelt, das an einem Hubschrauber befestigt ist, der über einen Abgrund fliegt, dann möchtest Du nicht zehn Seiten lang etwas über die Schwerkraft und die physiologischen Auswirkungen hoher Geschwindigkeiten lesen. Du willst erfahren, wie der Held sich rettet. Das ist bei Beweisen genauso: „Verschwende nicht meine Zeit damit, indem Du quadratische Gleichungen löst – ich weiß, wie das geht. Sage mir lieber: Warum bestimmen die Lösungen die Stabilität des Grenzzyklus?"

In meinem Papier (abgedruckt in *Mission to Abisco*) sage ich Folgendes: »Wenn ein Beweis eine Geschichte ist, dann muss ein unvergesslicher Beweis eine mitreißende Story sein. Was sagt uns das darüber, wie man Beweise konstruiert? Wir benötigen keine formale Sprache, in der jedes winzige Detail auf seinen Algorithmus hin geprüft werden kann, sondern der Handlungsstrang muss klar und deutlich hervortreten. Nicht die Syntax des Beweises muss verbessert werden, sondern vielmehr seine Semantik.« Das heißt: Das Wesentliche eines Beweises ist nicht seine „Grammatik", sondern seine *Bedeutung*.

In jenem Papier stelle ich diesen zugegebenermaßen vagen und verschwommenen Begriff einem eher formalen gegenüber, dem „strukturierten Beweis", der von dem Computerwissenschaftler Leslie Lamport propagiert wird. Strukturierte Beweise machen jeden logischen Schritt explizit, sei er tiefgreifend oder trivial, raffiniert oder offensichtlich. Lamport setzt sich vehement dafür ein, strukturierte Beweise als Lehrmethode zu verwenden. Zweifelsohne können sie eine sehr effektive Hilfe sein, damit Studenten die Einzelheiten tatsächlich begreifen. Teil seines Arguments ist eine Anekdote, die von einem berühmten Satz mit dem Namen Schröder-Bernstein-Theorem handelt. Georg Cantor hatte eine Möglichkeit des Abzählens gefunden, mit der er bestimmen konnte, wie

viele Elemente eine Menge hat, selbst wenn die Menge unendlich ist. Dazu verwendete er einen verallgemeinerten Zahlenbegriff, den er „transfinite Zahl" nannte. Das Schröder-Bernstein-Theorem sagt aus, dass zwei transfinite Zahlen gleich sein müssen, wenn jede der beiden jeweils kleiner oder gleich der anderen ist. Lamport hielt ein Seminar auf der Grundlage des klassischen Textes *General Topology* von John Kelley, das einen Beweis des Theorems enthält. Es stellte sich jedoch heraus, dass Kelleys Beweis falsch war, nachdem für die Studenten zusätzliche Details eingefügt worden waren.

Jahre später konnte Lamport den Fehler nicht mehr lokalisieren. Der Beweis schien also offensichtlich doch richtig zu sein. Als er aber einen strukturierten Beweis niederschrieb, tauchte der Fehler innerhalb von fünf Minuten wieder auf.

Ich war beunruhigt, denn ich hatte einen Beweis des Schröder-Bernstein-Theorems in einen meiner eigenen Texte eingefügt. Ich schaute mir Kelleys Beweis an, konnte jedoch keinen Fehler entdecken. Deshalb schrieb ich eine Mail an Lamport, der mir in seiner Antwort vorschlug, einen strukturierten Beweis zu schreiben. Ich arbeitete mich stattdessen sehr systematisch durch Kelleys Argumentation hindurch, erstellte also einen strukturierten Beweis auf informelle Weise und entdeckte so den Fehler.

Es gibt einen klassischen Beweis des Schröder-Bernstein-Theorems, der mit zwei Mengen beginnt, die den beiden transfiniten Kardinalzahlen entsprechen. Jede Menge wird in drei Teile geteilt, indem man den Begriff des „Vorgängers" benutzt, der nur für diesen speziellen Beweis erfunden wurde, und dann werden die Teile verglichen.

Eigentlich erzählt dieser Beweis eine Geschichte über zwei Mengen und ihre Einzelteile. Es ist nicht die span-

nendste aller Geschichten, aber sie hat eine klare Handlung und eine unvergessliche Pointe. Glücklicherweise hatte ich in meinem Lehrbuch den klassischen Beweis verwendet und nicht Kelleys Bearbeitung. Denn Kelley hatte die falsche Geschichte erzählt. Ich vermute, dass er in seinem Versuch, die klassische Version zu vereinfachen, den Bogen überspannt hatte und damit Einsteins Maxime verletzte: „So einfach wie möglich, aber nicht einfacher."

Die Existenz dieses Fehlers unterstützt Lamports Ansicht, dass strukturierte Beweise äußerst wertvoll sind. Aber um aus meinem Papier zu zitieren: »Es gibt eine andere Interpretation, die dem nicht entgegengesetzt, sondern komplementär ist: *Kelley erzählte eine gute Geschichte schlecht.* Es ist so, als ob er die drei Musketiere als Pu der Bär, Ferkel und Esel eingeführt hätte. Einige Teile der Geschichte wären zwar immer noch sinnvoll – die unverbrüchliche Kameradschaft zum Beispiel –, aber andere, wie etwa die vielen Degenkämpfe, nicht.«

Beweise im Sinne eines Lehrbuches haben alle den gleichen Aufbau, so wie die musikalische Notation aller Musikstücke aussieht wie Kaulquappen auf einem Drahtzaun – es sei denn, Du bist ein Experte und kannst die Musik auf dem Papier in Deinem Kopf hören. Aber wenn wir an den Beweis als Geschichte denken, dann gibt es gute Geschichten und schlechte, spannende und langweilige, so wie es bewegende Musik gibt und einschläfernde. Es gibt eine Ästhetik des Beweises – so kann eine wirklich gute Geschichte ein Ausdruck von Schönheit sein.

Paul Erdős besaß eine unkonventionelle Beziehung zur Schönheit von Beweisen. Erdős war ein Exzentriker und brillanter Mathematiker, der mit mehr Leuten auf der Welt zusammenarbeitete als irgendjemand sonst. Du kannst seine Lebensgeschichte in Paul Hoffmans *Der Mann, der die Zahlen liebte* nachlesen. Jeder, der einen Artikel mit ihm zusammen verfasste, hat die „Erdős-Zahl" 1, deren

Mitarbeiter wiederum haben die Erdős-Zahl 2 und so weiter. Damit besitzen die Mathematiker ihre Version des „Bacon-Orakels", wonach Schauspieler eine Zahl erhalten, die sich danach richtet, ob sie mit Kevin Bacon einen Film gedreht haben oder mit einem Schauspieler, der mit Bacon gedreht hat, und so weiter. Meine Erdős-Zahl ist 3. Ich habe nie mit Erdős zusammengearbeitet und stehe daher nicht auf der Liste von Leuten mit der Erdős-Zahl 2, aber einer meiner Kollegen.

Wie dem auch sei: Erdős meinte, dass Gott im Himmel ein Buch besitze, in dem die besten Beweise enthalten seien. Wenn Erdős von einem Beweis wirklich beeindruckt war, dann verkündete er, er sei aus „Dem Buch". Seiner Meinung nach bestand die Aufgabe des Mathematikers darin, Gott über die Schulter zu schauen und die Schönheit Seiner Schöpfung dem Rest Seiner Geschöpfe weiterzugeben.

Nach Erdős ist das Buch Gottes ein Buch voller Geschichten. Ich beendete meine Rede in Abisko mit den Worten:»Die Psychologen sagen uns, dass ohne emotionale Basis der rationale Teil unseres Geistes nicht arbeitet. Es scheint, als ob wir uns nur dann rational Dingen annähern können, wenn wir zusätzlich zur Methode der Rationalität, die – menschheitsgeschichtlich betrachtet – erst vor kurzem Einzug in unser Denken hielt, ein emotionales Engagement verspüren ... Ich glaube nicht, dass ich jemals bei einem strukturierten Beweis sehr emotional werden könnte, wie elegant auch immer er sei. Aber wenn ich die Kraft der Handlung einer mathematischen Geschichte wirklich spüre, dann geschieht etwas in meinem Denken, das ich niemals vergessen kann ... Mir wäre es lieber, wir verbesserten das Erzählen von Beweisen, anstatt sie in Teile zu zerlegen und die Teile zu stapeln und entsprechend zu sortieren.«

✉ Zum großen Schlag ausholen

Liebe Meg,

wenn Du Dir wirklich einen Namen als Bergsteigerin machen willst, dann musst Du einen Berg bezwingen, den noch niemand zuvor bestiegen hat. Wenn Du Dir einen Namen als Mathematikerin machen willst, gibt es keinen besseren Weg, als eines der seit langem ungelösten Probleme des Faches zu enträtseln: die Poincaré-Vermutung, die Riemann-Hypothese, die Goldbach-Vermutung, die Mutmaßung über Zwillingsprimzahlen.

Ich rate Dir, nicht zu ehrgeizig zu sein, während Du promovierst. Große Probleme sind gefährlich – genau wie hohe Berge. Vielleicht stellst Du drei oder vier Jahre lang extrem kluge Überlegungen an, aber erreichst Dein Ziel nicht und stehst dann vor dem Nichts. Die Mathematik unterscheidet sich in dieser Beziehung von anderen Wissenschaften: Wenn Du eine Reihe chemischer Experimente durchführst, dann kannst Du immer deren Ergebnisse zu Papier bringen, ob sie nun Deine Theorien bestätigen oder nicht. In der Mathematik aber kann man normalerweise keine These formulieren, die besagt: „Hier ist die Methode, mit der ich das Problem zu lösen versuchte, und das sind die Gründe, warum sie nicht funktionierte."

Selbst Fachleute müssen sich großen Problemen mit beträchtlichem Respekt nähern. Die Universitäten erwarten heutzutage von ihren Fakultäten, dass sie produktiv

sind, und sie neigen dazu, Produktivität an der Menge der Publikationen pro Jahr zu messen. Wenn Du fünf Jahre lang nichts veröffentlichst und dann die Poincaré-Vermutung löst, hast Du für den Rest Deines Lebens ausgesorgt – immer vorausgesetzt, Du hast während dieser Zeit Deinen Job behalten. Wenn Du aber fünf Jahre lang nichts publizierst und dann an der Poincaré-Vermutung scheiterst, fliegst Du hochkant hinaus.

Der schwierige Kompromiss besteht darin, einen Teil Deiner Zeit in die Arbeit an einem großen Problem zu investieren und den Rest in kleinere, lösbare, aber immer noch lohnende Probleme. Es wäre wunderbar, in einer Welt zu leben, in der es möglich wäre, sich ausschließlich auf die großen Themen zu fokussieren, aber so ist es nun mal nicht. Nichtsdestotrotz haben es einige mutige Menschen geschafft, genau das zu tun und Erfolg zu haben. In ihren Händen erfährt eine althergebrachte Vermutung einen Beweis und wird zum Theorem.

In meinem letzten Brief habe ich Dir geschrieben, dass ein Beweis eine Erzählung ist. Oft sagt man, es gebe im Grunde nur sieben Handlungen für einen Roman, und die alten Griechen hätten sie alle gekannt. Es scheint auch relativ wenige Erzählstränge für mathematische Beweise zu geben, aber die Griechen der Antike kannten nur einen – die kurze, schöne, bezwingend kluge Argumentation Euklids, die aus *quod erat demonstrandum* eine geläufige Redewendung machte.

Was sollen wir dann aber mit mathematischen Beweisen anfangen, die Hunderte oder gar Tausende von Seiten umfassen? Oder mit Beweisen, die auf monatelangen Berechnungen eines großen Computernetzwerks beruhen? Immer häufiger werden diese entmutigenden Bestien zum Leben erweckt, gewöhnlich als Lösung eines dieser großen, offenen Probleme. Im Gegensatz zu den kurzen, bezwingenden Erzählungen der Griechen sind

diese Beweise Epen oder – noch schlimmer – lange
Erzählungszyklen, bei denen der Faden der Haupthandlung immer wieder einige Kapitel lang in verwickelten
Unterhandlungen verloren geht. Was ist aus Erdős' Vision
von der Schönheit der mathematischen Schöpfung Gottes
geworden? Sind diese Mammutbeweise wirklich notwendig? Sind sie so riesig, weil die Mathematiker zu dumm
sind, die kurzen, eleganten Versionen zu entdecken, wie
sie in Gottes Buch niedergeschrieben sind?

Wiles' Beweis von Fermats letztem Satz war ein Meilen-
stein; er lief auf ungefähr 100 Seiten hochformalisierter
Mathematik hinaus und veranlasste den Wissenschafts-
journalisten John Horgan, einen provokativen Artikel mit
dem Titel *Der Tod des Beweises* zu schreiben. Horgan
führte eine Vielzahl von Gründen an, warum Beweise
überflüssig würden, darunter den Aufstieg des Computers, das Verschwinden von Beweisen aus der Schulmathematik und die Existenz solcher Knüller wie dem von
Wiles. Der Artikel war ein interessanter Versuch, aus
einem Sieg eine Niederlage zu machen und eine historische Leistung als schlechte Neuigkeit auszugeben: Klar
haben wir einen Mann auf den Mond geschossen, aber
schaut Euch nur an, wie viel Raketentreibstoff wir dafür
vergeudet haben.

Wiles' Beweis ist vielleicht ein Knüller, aber er spinnt
ein hinreißendes Garn. Wiles musste eine gewaltige
mathematische Maschinerie einsetzen, um eine so einfache Frage zu lösen, genau wie ein Physiker einen Teil-
chenbeschleuniger von vielen Kilometern Umfang benötigt, um ein Quark zu studieren. Aber Wiles' Beweis ist
weit davon entfernt, schlampig und sperrig zu sein: Er ist
reichhaltig und schön. Seine 100 Seiten haben eine Handlung. Ein Fachmann kann die Einzelheiten überfliegen
und der Erzählung mit ihren Wendungen, logischen Kurven und ihren spannenden Fragen folgen: Wird der Held

auf den letzten Seiten den letzten Satz besiegen, oder wird Fermats Geist wieder einmal die Gilde der Mathematiker verspotten? Niemand hat der Literatur den Tod verkündet, weil *Krieg und Frieden* ein ziemlich dickes Buch war oder weil *Finnegans Wake* in den Schulen nicht gelesen wurde. Professionelle Mathematiker können durchaus mit hundertseitigen Beweisen umgehen, und selbst 10 000 Seiten schüchtern sie nicht ein – das ist die volle Länge des Theorems zur Klassifizierung von endlichen einfachen Gruppen, welches die Arbeit von Dutzenden von Mathematikern in einem Zeitraum von mehr als einem Jahrzehnt in sich vereinigt.

Es gibt keinen Grund für die Annahme, jeder kurzen, einfachen und wahren Feststellung müsse ein kurzer und einfacher Beweis zugrunde liegen. Vielmehr gibt es gute Gründe, genau das Gegenteil zu erwarten. Gödel hat auch bewiesen, dass manche kurzen Feststellungen an sich lange Beweise erfordern. Aber wir wissen im Vorhinein nie, *welche* kurzen Feststellungen das sein werden.

Pierre de Fermat wurde 1601 geboren. Sein Vater verkaufte Leder; seine Mutter entstammte einer Juristenfamilie. Im Jahre 1648 wurde Fermat Ratsmitglied in Toulouse. Diese Stellung hatte er bis zu seinem Tod 1665 inne. Er hatte nie irgendeine akademische Stellung, aber die Mathematik war seine Leidenschaft. Der Mathematikhistoriker Bell nannte ihn den „Prinzen der Amateure", aber die meisten der heutigen Fachleute wären glücklich, wenn sie nur über die Hälfte seiner Fähigkeiten verfügten. Fermat arbeitete auf vielen Gebieten der Mathematik, aber seine einflussreichsten Ideen finden sich in der Zahlentheorie – einem Fach, das aus der Arbeit von Diophant von Alexandrien erwuchs, der um 250 vor unserer Zeit ein Buch mit dem Titel *Arithmetica* verfasste. In ihm ging es um das, was wir als diophantische Gleichungen kennen – Gleichungen mit ganzzahligen Lösungen.

Eines der Probleme, für das Diophant eine vollständig allgemeine Antwort gab, besteht im Auffinden von „Pythagoreischen Tripeln" – zwei perfekten Quadraten, deren Summe wiederum ein perfektes Quadrat ist. Das Theorem von Pythagoras sagt uns, dass solche Tripel die Länge der Seiten eines rechtwinkligen Dreiecks haben. So sind $3^2 + 4^2 = 5^2$ und $5^2 + 12^2 = 13^2$. Fermat besaß ein Exemplar der *Arithmetica*, die viele seiner Studien beflügelte. Gewöhnlich schrieb er seine Schlussfolgerungen am Rand nieder. Um 1637 herum dachte er über die pythagoreischen Gleichungen nach, und er fragte sich, was geschehen würde, wenn man statt Quadraten Kuben oder höhere Potenzen verwendete, beispielsweise $x^4 + y^4 = z^4$. Aber er konnte keine Beispiele finden. Auf den Rand seines Exemplars der *Arithmetica* notierte er die berühmteste Bemerkung der Mathematikgeschichte: »Es ist unmöglich, einen Kubus in zwei Kuben zu zerlegen oder ein Biquadrat in zwei Biquadrate oder allgemein irgendeine Potenz größer als die zweite in Potenzen gleichen Grades. Ich habe hierfür einen wahrhaft wunderbaren Beweis gefunden, doch ist der Rand hier zu schmal, um ihn zu fassen.«

Diese Feststellung wurde bekannt als „der große Fermat'sche Satz" oder auch als „Fermats letzter Satz", weil er für viele Jahre seine einzige Behauptung blieb, die seine Nachfolger weder beweisen noch widerlegen konnten. Niemand konnte Fermats „wunderbaren Beweis" rekonstruieren, und es schien zweifelhaft, dass er wirklich einen gefunden hatte. Aber wenn er einen Beweis besessen hatte, war er doch sicherlich – selbst wenn er nicht auf den Rand eines Buches passte – knapp und elegant genug, um sich einen Platz im Buch Gottes zu verdienen? Im 17. Jahrhundert schrieb man keine Knüllerbeweise. Dennoch scheiterte dreieinhalb Jahrhunderte lang Mathematiker um Mathematiker an dem Versuch, Fermats fehlenden

Beweis zu finden. Gegen Ende der 80er Jahre nahm Wiles das Problem in Angriff. Er arbeitete alleine in einer Dachstube seines Hauses und erzählte nur einigen ausgewählten Kollegen unter dem Siegel der Verschwiegenheit von seinem Vorhaben.

Wiles' Strategie bestand wie die vieler Mathematiker vor ihm in der Annahme, dass eine Lösung existiere, um dann algebraisch mit den Zahlen herumzuspielen – in der Hoffnung, dass sich ein Widerspruch auftue. Sein Ausgangspunkt war eine Idee des deutschen Mathematikers Gerhard Frey, der erkannt hatte, dass man aus den drei Zahlen, die in der vorgeblichen Lösung von Fermats „unmöglicher" Gleichung vorkommen, einen Typus kubischer Gleichungen konstruieren kann, die als elliptische Kurven bekannt sind. Das war eine brillante Idee, denn die Mathematiker hatten schon mehr als ein Jahrhundert lang mit elliptischen Kurven herumgespielt und viele Möglichkeiten gefunden, sie zu manipulieren. Darüber hinaus erkannten die Mathematiker schließlich, dass die elliptische Kurve, die aus den Fermat'schen Wurzeln abgeleitet war, so seltsame Eigenschaften hatte, dass sie einer anderen Vermutung – der so genannten Taniyama-Shimura-Weil-Vermutung – widersprach, die das Verhalten solcher Kurven bestimmt.

Niemand hatte bis dahin die Taniyama-Shimura-Weil-Vermutung bewiesen, obwohl die meisten Mathematiker davon ausgingen, dass sie wahrscheinlich richtig sei. Natürlich würden – wenn sie richtig war – die Wurzeln der Fermat'schen Gleichung zu einem Widerspruch führen: Sie könnten gar nicht existieren. Also atmete Wiles tief ein und versuchte, die Taniyama-Shimura-Weil-Vermutung zu beweisen. Sieben Jahre lang fuhr er jedes Geschütz aus der Zahlentheorie auf, das mit der Vermutung in Zusammenhang stand, und schließlich fand er eine Strategie, um das Problem zu knacken. Obwohl Wiles

alleine arbeitete, erfand er nicht alles auf diesem Gebiet selbst. Er hielt engen Kontakt zu den jüngsten Entwicklungen bezüglich elliptischer Kurven, und ohne die starke Gemeinschaft von Zahlentheoretikern, die einen stetigen Strom neuer Lösungstechniken produzierten, wäre er wahrscheinlich nicht erfolgreich gewesen. Aber selbst unter diesen Einschränkungen ist sein Beitrag gewaltig und treibt das Fach in spannende neue Gebiete voran.

Wiles' Beweis ist inzwischen vollständig veröffentlicht; gedruckt umfasst er etwas mehr als 100 Seiten. Das ist natürlich zu viel für den Rand eines Buches. War er die Anstrengungen wert?

Absolut.

Die Maschinerie, die Wiles entwickelte, um Fermats letzten Satz zu knacken, eröffnet völlig neue Gebiete der Zahlentheorie. Zugestanden: Die Geschichte, die er zu erzählen hat, ist etwas langatmig, und nur Experten auf diesem Gebiet können sie in allen Einzelheiten verstehen. Aber es hat keinen Sinn, sich darüber zu beschweren. Genauso sinnlos wäre, sich darüber zu beklagen, dass man – um Tolstoi im Original lesen zu können – Russisch verstehen muss.

✉ Blockbuster

Liebe Meg,

es war kein Scherz, als ich schrieb, dass die Klassifikation der endlichen einfachen Gruppen 10 000 Seiten einnimmt. Sie wird jedoch zurzeit vereinfacht und neu geordnet. Mit etwas Glück und Rückenwind mag sie auf nur 2 000 schrumpfen. Der größere Teil des Beweises war das Produkt menschlichen Geistes. Aber einige Schlüsselstellen erforderten Unterstützung durch Computer.

Dies ist ein zunehmender Trend und er hat zu einer neuen Art des Erzählstils von Beweisen geführt, zum computerunterstützten Beweis, der erst etwa 30 Jahre alt ist. Vergleichbar ist er mit einem Schnellrestaurant, in dem Millionen von langweiligen und immer gleichen Burgern serviert werden: Es erfüllt seine Aufgabe, ist aber eben nicht schön. Oft gibt es kluge Ideen, aber das Problem wird auf Unmengen von im Prinzip routinemäßigen Berechnungen reduziert. Diese werden dann einem Computer überlassen, und wenn der Computer „ja" sagt, dann ist der Beweis vollständig.

Ein Beispiel für diese Art Beweis war vor kurzem im Zusammenhang mit dem Kepler'schen Problem zu beobachten. 1611 dachte Johannes Kepler über effizientes Stapeln von Kugeln nach. Er kam zu dem Schluss, dass die beste Methode, um so viele Kugeln wie möglich in ein Behältnis zu packen, diejenige ist, die Gemüsehändler oft

zum Stapeln von Orangen verwenden: Lege eine ebene Schicht in Form einer Bienenwabe aus, staple dann eine weitere Lage darauf, wobei die Orangen in den Mulden der ersten Schicht sitzen, und fahre in dieser Weise fort. Dieses Muster taucht in vielen Kristallen auf. Physiker nennen es das kubisch-flächenzentrierte Gitter.

Es heißt oft, Keplers Aussage sei doch „offensichtlich", aber jeder, der so denkt, versteht die Feinheiten nicht. So ist es beispielsweise noch nicht einmal von vorneherein klar, dass die effektivste Anordnung eine ebene Fläche mit Kugeln ist. Gemüsehändler fangen beim Stapeln mit einer ebenen Fläche an, aber man *muss* das nicht. Sogar die zweidimensionale Version des Problems – der Nachweis, dass das Bienenwabenmuster die effektivste Art ist, gleich große Kreise in der Ebene anzuordnen – wurde erst 1947 von Lásló Fejes Tóth bewiesen. Sein Beweis ist zu kompliziert, um in das Große Buch aufgenommen zu werden, aber er ist alles, was wir haben.

1998 kündigte Thomas Hales einen computergestützten Beweis der Kepler'schen Vermutung an, der Hunderte von Seiten mit mathematischen Berechnungen plus drei Gigabyte Computerberechnungen umfasste. Er wurde inzwischen in den *Annals of Mathematics*, der weltweit führenden mathematischen Fachzeitschrift, veröffentlicht, allerdings mit einer wichtigen Einschränkung: Die Sachverständigen betonten, sie seien nicht in der Lage gewesen, jeden einzelnen Schritt der Berechnungen zu prüfen.

Hales' Herangehensweise bestand darin, eine Liste aller möglichen Anordnungen für geeignete kleine Kugelcluster niederzuschreiben. Dann wurde bewiesen, dass Cluster, die nicht dem des kubisch-flächenzentrierten Gitters entsprachen, durch Neuanordnung der Kugeln „komprimiert" werden konnten. Folgerung: Die einzige nicht weiter komprimierbare Anordnung, die den Raum am effektivsten ausfüllt, ist die Bienenwabe. Auf diese Weise

bearbeitete Tóth den zweidimensionalen Fall; er musste etwa 50 Möglichkeiten auflisten. Hales hatte Tausende Varianten in drei Dimensionen zu bearbeiten, und der Computer musste eine riesige Liste mit Ungleichungen nachprüfen – dafür benötigte man die drei Gigabyte.

Einer der frühesten Fälle, bei dem man die rohe Gewalt des Computers einsetzte, war der Beweis des Vierfarbensatzes. Vor etwa einem Jahrhundert warf Francis Guthrie die Frage auf, ob jede mögliche zweidimensionale Landkarte mit beliebigen Anordnungen von Ländern mit nur vier Farben so gezeichnet werden kann, dass benachbarte Länder stets unterschiedliche Farben erhalten. Das hört sich einfach an, aber der Beweis war ausgesprochen schwer. 1976 schließlich bewiesen Kenneth Appel und Wolfgang Haken den Vierfarbensatz. Durch Versuch und Irrtum und händische Berechnungen kamen sie auf fast 2 000 Konfigurationen von „Ländern". Sie stützten sich bei ihrem Beweis auf den Computer, um zu zeigen, dass die Liste „unvermeidbar" ist, was bedeutete, dass jede mögliche Karte Länder enthalten muss, die in der gleichen Weise wie zumindest eine Konfiguration in der Liste angeordnet sind.

Der nächste Schritt bestand im Nachweis, dass jede dieser Konfigurationen „reduzierbar" ist, das heißt, dass sie zusammengeschrumpft werden kann, bis ein Teil davon verschwindet und eine einfachere Karte übrig bleibt. Im Wesentlichen muss beim Schrumpfen sichergestellt werden, dass auch die Originalkarte mit vier Farben erstellt werden kann, wenn dies bei der einfacheren Karte möglich ist. Jetzt erinnere Dich bitte, dass jede mögliche Karte mindestens einer der 2 000 Konfigurationen entsprechen muss. Deshalb muss sogar die einfachere Karte, die Du gerade produziert hast, einer anderen Konfiguration entsprechen, die wiederum geschrumpft werden kann. Du hast den Beweis, wenn Du einen Weg findest, jede mögli-

che Konfiguration zu schrumpfen. Um für jede Konfiguration eine „Schrumpfmöglichkeit" zu finden, bedurfte es immenser Routineberechnungen, die 1976 etwa 2000 Stunden auf dem schnellsten Computer benötigten. (Heutzutage braucht ein PC vielleicht eine Stunde.) Aber am Ende hatten Appel und Haken ihre Antwort.

Computerunterstützte Beweise werfen Fragen des Geschmacks, der Kreativität, der Technik und der Philosophie auf. Einige Philosophen haben die Empfindung, dass es sich wegen der Methode der rohen Gewalt nicht um Beweise im traditionellen Sinne handelt. Computer wurden jedoch für riesige und routinemäßige Aufgaben erfunden. Darin sind sie gut, und darin sind Menschen sehr schlecht. Führen ein Computer und ein Mensch eine umfangreiche Berechnung durch und kommen sie zu verschiedenen Antworten, dann werden sich die Experten immer für die Computerberechnung entscheiden. Aber es muss auch erwähnt werden, dass jeder Abschnitt des Beweises, jede Berechnung, die vom Computer durchgeführt wird, gewöhnlich trivial und extrem stumpfsinnig ist. Erst wenn man die Abschnitte verknüpft, sind sie etwas wert. Während Wiles' Beweis des letzten Satzes von Fermat reich an Ideen und Form ist – so wie *Krieg und Frieden* –, ähneln Computerbeweise eher Telefonbüchern. In der Tat ist das Leben buchstäblich zu kurz, um beim Appel-Haken-Beweis oder gar beim Hales-Beweis alles bis in jedes Detail zu lesen, geschweige denn zu überprüfen.

Dennoch mangelt es auch diesen Beweisen nicht an Eleganz und Einsicht. Man muss schon ziemlich klug sein, um zu wissen, wie man das Problem aufbereitet, damit es der Computer in Angriff nehmen kann. Darüber hinaus kannst Du Dich nach dem Computerbeweis daranmachen, eine elegantere Beweismethode zu finden. Es mag seltsam klingen, aber unter Mathematikern ist allseits be-

kannt, dass es viel leichter ist, etwas zu beweisen, von dem man bereits weiß, dass es richtig ist. Man hört bei den Zusammenkünften der Mathematiker überall auf der Welt gelegentlich den scherzhaften Vorschlag, dass es eine gute Idee wäre, das Gerücht zu streuen, ein wichtiges Problem sei gelöst worden; davon erhofft man sich eine Beschleunigung der tatsächlichen Problemlösung. Es ist wie bei der Atlantiküberquerung: Für Christoph Kolumbus war sie extrem hart, für John Cabot, der fünf Jahre später losfuhr, war sie schon leichter, da er die Entdeckungen von Kolumbus bereits kannte.

Bedeutet das, dass die Mathematiker letztendlich die göttlichen Beweise des Kepler'schen Problems und des Vierfarbensatzes finden könnten?

Vielleicht, vielleicht aber auch nicht. Die Vorstellung, dass jeder Satz, der einfach zu formulieren ist, deshalb auch einfach zu beweisen sein muss, ist ein wenig naiv. Wir alle wissen, dass viele äußerst schwierige Probleme täuschend einfach formuliert sind: „Mondlandung", „Krebsheilung". Warum sollte es in der Mathematik anders sein?

Beweise lösen bei Experten mitunter beträchtliche Leidenschaft aus. Dies trifft insbesondere dann zu, wenn entweder die bekannteste Lösung nicht vereinfacht werden kann oder wenn alternative Methoden, die jemand vorschlägt, nicht funktionieren. Oft haben die Fachleute Recht, aber manchmal verstellt ihnen ihr Wissen den Blick für eine einfache Lösung. Wenn etwa ein erfahrener Bergsteiger einen hohen Gipfel mit Gletschern und Spalten erklimmen will, kann der „einfache" Weg extrem lang und kompliziert sein.

Manchmal ist die Steilwand, welche die einzige alternative Route zu sein scheint, schlicht nicht besteigbar. Man könnte auch einen Hubschrauber einsetzen, der einen schnell und leicht zum Gipfel bringt. Experten sehen die

Spalten und Klippen, kommen aber nicht auf die gute Idee mit dem Hubschrauber. Gelegentlich erfindet jemand aus heiterem Himmel eine solche Maschine und widerlegt mit ihrer Hilfe alle Experten.

Denke andererseits an Gödel. Wir wissen, dass einige Beweise einfach lang sein *müssen*, und vielleicht sind der Vierfarbensatz und Fermats letzter Satz Beispiele hierfür. Wenn Du die aktuelle Methode zum Lösen des Vierfarbensatzes verwenden möchtest – finde eine Liste von „unvermeidlichen" Konfigurationen und „schrumpfe" sie durch schrittweises Eliminieren –, dann kannst Du vielleicht mit einigen Berechnungen auf der Rückseite eines Briefumschlags zeigen, dass kein radikal kürzerer Beweis möglich ist.

Aber das ist wie das Abzählen der möglichen Felsspalten. Es macht den Hubschrauber nicht überflüssig. Wenn also diese Wälzer das Beste sind, was wir zustande bringen, warum hat Fermat geschrieben, was er geschrieben hat? Es kann nicht sein, dass er über einen hundert Seiten langen Beweis gestolpert ist, samt eines Beweises zu elliptischen Kurven, die bis dato unbekannt waren, und es bei der berühmten Randnotiz belässt.

Der führende algebraische Zahlentheoretiker Sir Peter Swinnerton-Dyer hat eine einfachere Erklärung für Fermats Behauptung: „Ich bin sicher, dass Fermat daran glaubte, er habe den Satz bewiesen; und in der Tat können wir mit einiger Sicherheit seine Argumentation rekonstruieren, einschließlich eines entscheidenden, aber unzulässigen Schrittes." Es ist wunderbar sich vorzustellen, dass der große Fermat tatsächlich im Besitz eines Beweises gewesen ist, denn die ihm verfügbaren Mittel waren einfacher als die von Wiles. Wahrscheinlicher jedoch ist, dass Fermat einen kleinen, aber fatalen Fehler machte – einen, den man zu seiner Zeit leicht übersehen konnte.

✉ Unmögliche Probleme

13

Liebe Meg,

bitte versuche nicht, einen Winkel dreizuteilen. Ich werde Dir einige interessante Probleme schicken, an denen Du arbeiten kannst, wenn Du Deine grauen Zellen jetzt schon trainieren willst. Aber halte Dich von der Winkeldreiteilung fern. Warum? Weil Du deine Zeit vergeuden wirst. Die Methoden ohne Zirkel und Lineal sind wohlbekannt, diejenigen mit Zirkel und Lineal können unmöglich richtig sein. Wir wissen dies, weil Mathematiker sich eines Privilegs erfreuen, das den meisten anderen Berufen verschlossen bleibt: In der Mathematik können wir *beweisen*, dass etwas unmöglich ist.

In den meisten Berufszweigen bedeutet „unmöglich" alles Mögliche von „Ich habe keine Lust" über „Niemand weiß, wie das gehen soll" bis zu „Die da oben werden das nie erlauben". Vom Science-Fiction-Autor Arthur C. Clarke stammt die berühmte Formulierung: »Wenn ein älterer und hervorragender Wissenschaftler etwas für möglich erklärt, dann hat er sehr wahrscheinlich Recht. Wenn er es für unmöglich hält, dann liegt er ziemlich sicher falsch.« (Clarke schrieb das 1963, in einer Zeit, in der die meisten Wissenschaftler, speziell die älteren und hervorragenden, fast ausschließlich männlich waren.) Aber auf Mathematiker und mathematische Theoreme angewandt ist Clarkes Behauptung schlichtweg falsch. Ein mathematischer Be-

weis einer Unlösbarkeit ist eine virtuell unzerstörbare Garantie.

Ich verwende den Ausdruck „virtuell", da das Unlösbare manchmal lösbar wird, wenn man die Fragestellung leicht abändert. Dann ist es natürlich nicht mehr dieselbe Frage. Archimedes wusste, wie man einen Winkel dreiteilt, indem er nämlich einen Zirkel und ein Lineal mit Skaleneinteilung benutzte.

Ein einfaches unmöglich lösbares Problem, das ich besonders mag, ist ein Puzzlespiel. Auf den ersten Blick wirkt es belanglos, aber es vermittelt jede Menge Einsichten in logische Schlüsse im Fach Mathematik und verdeutlicht vor allem, auf welche Weise wir wissen können, dass manche Aufgaben unmöglich lösbar sind. Das Puzzle sieht so aus: Gegeben sei ein Schachbrett, bei dem die zwei einander diagonal gegenüberliegenden Ecken fehlen. Kannst Du das Brett mit 31 Dominosteinen, von denen jeder so groß ist wie zwei nebeneinander liegende Quadrate, bedecken?

„Schummeln" ist nicht erlaubt. Die Dominosteine dürfen sich weder überlappen noch dürfen sie zersägt werden.

Die erste Frage, die man stellen muss, ist unkompliziert und für jeden Mathematiker ganz selbstverständlich: Steht die Fläche einer erfolgreichen Lösung im Wege? Die gesamte Fläche des verstümmelten Schachbrettes beträgt $64-2 = 62$ Quadrate, die Gesamtfläche der Dominosteine $2 \times 31 = 62$ Quadrate. Also haben wir exakt die richtige Zahl an Dominosteinen, um das Schachbrett abzudecken. Wenn wir nur 30 Steine zur Verfügung hätten, dann hätte eine Berechnung der Gesamtfläche auf der Stelle bewiesen, dass die Aufgabe unmöglich zu lösen ist. Aber da wir 31 Steine haben, ist die Fläche kein Hindernis.

Ich weiß, Meg, dass Du Dich sehr intensiv mit Mathematik beschäftigt hast, aber möglicherweise bist Du diesem

Puzzle dennoch nie begegnet. Puzzles sind in Lehrbüchern nicht gerade häufig vertreten. Bitte versuche es einmal. Denke im Augenblick noch nicht darüber nach; schneide einfach Dominosteine aus Pappe aus und versuche sie zusammenzufügen.

Hast Du das getan? Hast Du eine Lösung gefunden? Nein. Du hast es wahrscheinlich immer wieder versucht, aber nichts funktionierte. Du siehst, warum das so ist, wenn Du die schwarzen und weißen Quadrate zählst. Jeder Dominostein bedeckt – gleichgültig wo Du ihn hinlegst – ein schwarzes und ein weißes Quadrat des Schachbrettes. Sofern die Dominosteine sich nicht überlappen, muss also die gleiche Anzahl schwarzer wie weißer Felder bedeckt sein. Aber das verstümmelte Schachbrett weist 32 schwarze und 30 weiße Felder auf. Du kannst die Steine legen, wie Du willst: Es bleiben immer (mindestens) zwei schwarze Quadrate frei.

Wenn dagegen zwei nebeneinander liegende Ecken entfernt werden (eine ist schwarz, die andere weiß), geht diese Argumentation ins Leere. Das Puzzle kann vollständig gelegt werden. Aber für das Ausgangsproblem schließt das „Paritäts"argument (nämlich die Felder der beiden Farben auszuzählen und miteinander zu vergleichen) eine Lösung aus. Es ist unmöglich, diese Aufgabe zu lösen. Punkt.

Die tiefer gehende Botschaft, die hinter diesem Puzzlespiel steckt, lässt sich auf die gesamte Mathematik anwenden. Wenn ein Problem dazu führt, eine riesige Zahl von möglichen Anordnungen in Betracht zu ziehen – wie zum Beispiel sämtliche Möglichkeiten, die Dominosteine anzuordnen –, gibt es generell keine praktikable Methode, sich mit jeder einzelnen zu befassen. Du musst nach einem gemeinsamen Merkmal suchen, das sich nicht verändert, wenn man die Anordnung verändert – nach einer *Invarianten*.

Die erste Invariante in diesem Beispiel ist die Fläche. Wie auch immer man die Dominosteine anordnet, ihre Gesamtfläche bleibt gleich. Aber diese Invariante hilft uns hier nicht weiter. Also wähle ich eine andere Invariante – den Unterschied zwischen der Anzahl weißer und schwarzer Quadrate. In jeder beliebigen Anordnung der Steine beträgt die Differenz null. Also kann entsprechend unserer Regeln *keine* Anordnung gültig sein, bei der die Invariante nicht null ist.

Der Beweis lässt die Möglichkeit offen, dass einige Arrangements mit der Invarianten null aus anderen Gründen nicht möglich sind. Diese gibt es tatsächlich; vielleicht kannst Du einige finden. Die Invariante „Fläche" löst einige Puzzles, andere aber nicht. Das Gleiche gilt für die Invariante „Parität", ob nun ungerade oder gerade. Dasselbe gilt für die meisten Invarianten.

Jetzt wenden wir uns ernsthaften mathematischen Problemen zu. Es ist bemerkenswert und bezaubernd zugleich, dass ähnliche Ideen auch dort gelten.

Die Dreiteilung eines Winkels ist ein typisches Beispiel. Wir wissen inzwischen – seit Pierre Wantzel, ein Student von Gauß, 1837 den Beweis niederschrieb –, dass es unmöglich ist, einen Winkel mit Lineal und Zirkel ohne Skaleneinteilung dreizuteilen. Das bedeutet: Es gibt bei Verwendung der herkömmlichen Werkzeuge keine geometrische Konstruktion, die einen gegebenen Winkel in drei exakt gleiche Teile teilt.

Es gibt Zillionen von Näherungskonstruktionen. Keine von ihnen ist exakt. Ich kann dies ohne die geringste Furcht vor Widerspruch sagen und ohne eine der vorgeschlagenen Methoden zu prüfen. Wir wissen, dass jede Lösung einen Fehler enthalten muss. Wir wissen nicht, worin der Fehler besteht und wo er auftritt – und es kann sehr schwierig sein, ihn zu finden –, aber wir können sicher sein, dass er da ist.

Ich weiß, das klingt arrogant und ist für jeden Möchte-gern-Dreiteiler sehr ärgerlich. „Wie können sie das wissen, wenn sie sich noch nicht einmal meinen Beweis angesehen haben?"

Ich weiß es, weil bewiesen ist, dass eine solche Konstruktion unmöglich ist. Wenn irgendjemand behauptete, er könnte einen Kilometer in zehn Sekunden laufen, dann müsstest Du ihn nicht erst beim Laufen beobachten, um zu wissen, dass ein Trick dabei ist. Vielleicht „läuft" er mit Raketenantrieb. Vielleicht ist sein „Kilometer" nicht herkömmlich gemessen und nicht länger als ein Bus. Vielleicht stimmt etwas mit der Uhr nicht. Wir müssen all das nicht wissen, um den Braten zu riechen.

Ähnlich verhält es sich in der Mathematik, nur mit einem höheren Grad an Sicherheit.

Sehr gut: Wieso wissen wir, dass die Dreiteilung eines Winkels unmöglich ist?

Auch wenn das Problem zur Geometrie gehört, entstammt die Lösung der Algebra. Dies ist ein Standardtrick in der mathematischen Forschung: Versuche Dein Problem in etwas zu übertragen, das logisch äquivalent ist, aber einem anderen Bereich der Mathematik entstammt. Wenn Du Glück hast, dann kann man auf diesem neuen Gebiet andere Techniken anwenden, die ein neues Licht auf das Problem werfen. Die Idee, Geometrie durch Algebra zu ersetzen – oder umgekehrt –, geht auf René Descartes zurück. In einem Anhang zu seinem Werk *Von der Methode des richtigen Vernunftgebrauchs und der wissenschaftlichen Forschung* von 1637 mit dem Titel „Die Geometrie" umriss er den Gebrauch von Koordinaten, um geometrische Formen in algebraische Gleichungen (und zurück) zu überführen. Heutzutage nennen wir sie zu Ehren von Descartes kartesische Koordinaten.

Die Idee wird Dir vertraut vorkommen, Meg. Jeder Punkt in der Ebene kann durch zwei Zahlen bestimmt

werden, Abstände werden in zwei Richtungen, die recht-
winklig zueinander stehen, gemessen – horizontal und
vertikal oder Nord/Süd und Ost/West. Eine Linie, ein Kreis
oder eine andere Kurve sind nur eine Ansammlung von
Punkten, eine Folge von Zahlenpaaren. Jede Feststellung
über diese Linien und Kurven kann in eine entsprechende
Feststellung über Zahlen umgewandelt werden, und solche Feststellungen gehören ins Reich der Algebra. Wendet
man den Satz des Pythagoras an, dann wird aus der Tatsache, dass ein Kreis mit dem Radius 1 vorliegt, die Tatsache,
dass für jeden Punkt auf seinem Umfang die Summe der
Quadrate seiner horizontalen und vertikalen Koordinaten
1 ergibt. In Symbolen: $x^2 + y^2 = 1$. Dies ist die Gleichung,
die dem Einheitskreis entspricht.

Jeder Kreis, jede Gerade und jede Kurve hat eine entsprechende Gleichung. Und diejenigen Punkte, an denen
zum Beispiel ein Kreis auf eine Gerade trifft, besitzen Zah-
lenpaare, die die Gleichungen für den Kreis und die
Gerade erfüllen. Statt Linien und Kurven zu zeichnen und
ihre Schnittpunkte zu finden, können wir einfach Gleichungen lösen. Was noch wichtiger ist: Statt sich zu überlegen, wie man Linien und Kurven zeichnet und ihre
Schnittpunkte findet, können wir darüber nachdenken,
die entsprechenden Gleichungen zu lösen. Und das ist die
Methode, wie wir beweisen können, dass Winkel nicht in
der spezifizierten Weise dreigeteilt werden können.

Hier nun – befreit von allen technischen Details – eine
Beschreibung, wie das funktioniert: Jede geometrische
Konstruktion fängt mit einer Punktmenge an. Dann werden neue Punkte konstruiert, indem man eine der drei folgenden Methoden anwendet: Entweder zeichnen wir zwei
Geraden durch gegebene Punkte und stellen fest, wo sich
diese Geraden treffen; oder wir zeichnen nur eine solche
Gerade und untersuchen, wo sie auf einen Kreis trifft, der
einen bekannten Punkt als Mittelpunkt hat und durch

einen anderen bekannten Punkt geht; oder wir zeichnen zwei Kreise dieser Art und schauen, wo *sie* sich schneiden. Diese beschränkte Folge von Zügen ist ein Produkt unserer Werkzeuge: Ein Lineal kann nur Geraden hervorbringen und ein Zirkel nur Kreise. Daher müssen wir neue Punkte aus alten produzieren; wir führen dies für eine begrenzte Anzahl solcher Züge durch und hören dann auf. Dies ist eine andere bewährte Beweistechnik: Zerteile das Problem in die denkbar einfachsten Teile.

Es könnte Dir so vorkommen, als ob ein Winkel nicht zu dieser Beschreibung passt. Aber ein Winkel wird durch zwei Geraden festgelegt, die sich in einem gemeinsamen Punkt schneiden, und die beiden Geraden werden durch den Schnittpunkt und durch einen weiteren Punkt auf der ersten und einen anderen Punkt auf der zweiten Geraden bestimmt. Drei Punkte genügen, um einen Winkel zu definieren. Man benötigt nur einen weiteren Punkt, um einen Winkel festzulegen, der ein Drittel seiner Größe hat. Aber um diesen vierten Punkt zu lokalisieren, sind im Prinzip einige Hilfspunkte bei der Konstruktion erforderlich. Keiner dieser Punkte − so die Behauptung − wird wirklich brauchbar sein.

Um die Gründe dafür herauszufinden, wenden wir eine andere standardisierte Beweistechnik an: Untersuche jeden der einfachsten Schritte, und versuche seine wesentlichen Merkmale herauszufinden.

Geometrisch gibt es drei voneinander unterscheidbare Schritte: zwei Geraden − eine Gerade und einen Kreis − zwei Kreise. Aber wenn wir diese Schritte in die Algebra übersetzen, dann finden wir heraus, dass der erste Schritt der Lösung einer linearen Gleichung entspricht und die beiden anderen Schritte der Lösung einer quadratischen Gleichung. In einer linearen Gleichung erfahren wir, dass ein Vielfaches der Unbekannten plus irgendeine Zahl null ergibt. Eine quadratische Gleichung sagt uns, dass ein

Vielfaches des Quadrats der Unbekannten plus irgendein Vielfaches der Unbekannten plus irgendeine Zahl null ergibt.

Lineare Gleichungen sind „Spezialfälle" von quadratischen Gleichungen: Das relevante Vielfache des Quadrats der Unbekannten ist das Vielfache von null. Daher lassen sich alle drei Schritte als die Lösung quadratischer Gleichungen fassen.

Bereits den Babyloniern waren 2000 v. Chr. Methoden zur Lösung quadratischer Gleichungen bekannt. Die grundlegende Idee ist, dass man stets Quadratwurzeln verwenden kann. Kurz gesagt: Wir haben „konstruierbar durch Verwendung von Lineal und Zirkel ohne Skaleneinteilung" ersetzt durch „ausdrückbar durch eine Folge von Quadratwurzeln (und anderer arithmetischer Operationen wie Addition und Subtraktion)". Dies charakterisiert alle möglichen Punkte, die aus einer geometrischen Konstruktion hervorgehen können.

Nehmen wir einmal an, ein Winkel könne mit einer solchen Konstruktion dreigeteilt werden. Dann müssten die Koordinaten des entsprechenden Punktes – desjenigen, der zu einem Winkel mit einem Drittel der Größe gehört – durch eine Folge von Quadratwurzeln ausdrückbar sein. Ist das möglich? Nun, wir wissen etwas über diesen neuen Punkt, und zwar sind seine Koordinaten durch eine kubische Gleichung gegeben, eine Gleichung, die auch die dritte Potenz der Unbekannten einschließt. Diese Beobachtung entstammt der Trigonometrie, in der es eine Standardformel gibt, die den Sinus eines Winkels mit dem Sinus eines dreimal so großen Winkels in Beziehung setzt.

Die ganze Angelegenheit reduziert sich damit auf eine einfache Frage: Angenommen eine Zahl, die Du kennst, ist die Lösung einer kubischen Gleichung – ist es dann möglich, diese Zahl ausschließlich mit Quadratwurzeln auszudrücken? Das Gefühl sagt uns, dass hier eine Unverträg-

lichkeit vorliegt: Keine Folge von Schritten, die die Zahl 2 einschließt, sollte zur Zahl 3 führen. Eine nähere Untersuchung der Eigenschaften von Gleichungslösungen führt uns zu einer Invarianten, die als *Grad* bekannt ist. Dieser Grad hat nichts mit dem Winkelgrad zu tun; er ist vielmehr eine ganze Zahl, die den Typ der Gleichung spezifiziert. Einfache Eigenschaften des Grades beweisen, dass Du nur dann eine kubische Gleichung lösen kannst und dabei nichts Komplizierteres als Quadratwurzeln benötigst, wenn sich eine kubische Gleichung in eine lineare und eine quadratische Gleichung oder in drei lineare Gleichungen zerlegen lässt.

Wie dem auch sei: Eine kurze Berechnung zeigt, dass – von wenigen Ausnahmen abgesehen – die kubische Gleichung, die mit der Dreiteilung des Winkels zusammenhängt, nicht von dieser Art ist. Sie lässt sich nicht zerlegen. Insbesondere ist das der Fall, wenn der Ausgangswinkel zum Beispiel 60° beträgt. Daher kann die kubische Gleichung bei ausschließlicher Verwendung von Quadratwurzeln nicht *exakt* gelöst werden. Wäre es auf diese Weise möglich, müsste die natürliche Zahl 3 eine gerade Zahl sein. Aber das ist sie selbstverständlich nicht.

Ich habe die Einzelheiten weggelassen. Du kannst sie in vielen Standardtexten zur Algebra finden, wenn Du willst. Aber ich hoffe, die Geschichte ist klar. Indem wir Geometrie in Algebra überführen, können wir die Dreiteilung des Winkels (eigentlich sogar jede Konstruktion) als algebraische Frage neu formulieren: Kann irgendeine Zahl, die mit der gewünschten Konstruktion verbunden ist, durch Quadratwurzeln ausgedrückt werden? Wenn wir irgendetwas Nützliches über die betreffende Zahl wissen – dass sie wie hier durch eine kubische Gleichung gegeben ist –, dann könnten wir vielleicht die algebraische Version der Frage beantworten. In diesem Fall schließt die Algebra jede Möglichkeit aus, dass eine solche Konstruk-

tion existieren könnte – dank der Invarianten, hier des Grades.

Das ist keine Frage der Klugheit: Wie schlau Du es auch immer anstellen wirst, Deine Konstruktion wird zwangsweise ungenau sein. Sie mag sehr genau sein (leider sind es die meisten nicht; schau Dir Underwood Dudleys *A Budget of Trisections* an), aber sie kann nicht exakt sein. Es geht auch nicht darum, andere Methoden zu finden, um Winkel dreizuteilen. Die sind bereits bekannt, und das war auch nicht die Frage. Ich sage allen, die mir eine versuchte Dreiteilung schicken, dass ich mich von ihrem Scheitern nicht betroffen fühle, und sie sollten es auch nicht tun. Das Problem ist: Hätten Sie Recht, dann wäre eine direkte Konsequenz ihres Beweises, dass 3 eine gerade Zahl ist.

Ob sie wohl wirklich als jemand in die Geschichtsbücher eingehen wollen, der so etwas behauptet?

Doch das schreckt diese Leute nicht ab. Kein rationales Argument bringt je einen wahren Dreiteiler von seiner Überzeugung ab, Recht zu haben.

Die „Grad"-Invariante erklärt auch, wieso ein regelmäßiges 17-seitiges Vieleck konstruiert werden kann, ein siebenseitiges aber nicht. Die entsprechenden Grade erweisen sich als um eines niedriger als die Zahl der Seiten: 16 und 6. Da 16 die vierte Potenz von 2 ist, kann das 17-seitige Vieleck konstruiert werden, indem man vier aufeinander folgende quadratische Gleichungen löst. Aber 6 ist keine Potenz von 2, also gibt es in diesem Fall keine Konstruktion. Nach meiner Erfahrung erheben Winkeldreiteiler selten Einspruch gegen diese Deduktion, obwohl sie ironischerweise beinhaltet, dass eine gültige Dreiteilung des Winkels auf direktem Wege zur Konstruktion eines regelmäßigen siebenseitigen Vielecks führen würde.

Es gibt in der Mathematik noch viele andere unmögliche Probleme. Die Dreiteilung des Winkels ist eines der drei berühmten „Probleme der Antike", die wir den

antiken griechischen Geometern zuschreiben – leider ohne große historische Berechtigung, denn die Begrenzung auf Zirkel und Lineale ohne Skaleneinteilung wurde erst später hinzugefügt. Die Griechen wussten, wie alle drei Probleme zu lösen sind, indem sie komplexere Instrumente verwandten. Aber es ist richtig, dass dies die einzige ihnen bekannte Methode war, diese Probleme zu lösen. Später fragten sich die Mathematiker, ob wohl eine bessere Lösung zu finden sei, um schließlich zur Einsicht zu gelangen, dass das unmöglich ist. Die beiden anderen Probleme der Antike sind die Quadratur des Kreises und die Würfelverdoppelung. Diese Probleme bedeuten, mit traditionellen Methoden ein Quadrat, dessen Fläche gleich der eines gegebenen Kreises ist, zu konstruieren beziehungsweise einen Würfel mit dem doppelten Volumen eines gegebenen Würfels. In modernen Begriffen erfordern diese Probleme Konstruktionen für π beziehungsweise die Kubikwurzel von 2. Es kann mit ähnlichen Methoden bewiesen werden, dass sie unmöglich lösbar sind. Tatsächlich genügt die Kubikwurzel von 2 offensichtlich einer kubischen Gleichung: Ihre dritte Potenz ist 2. Und π genügt überhaupt keiner algebraischen Gleichung. Aber das ist eine andere Geschichte.

✉ Die Karriereleiter 14

Liebe Meg,

gern geschehen! Ich freue mich jedes Mal, Dich zum Essen einladen zu können, wenn wir uns in derselben Stadt aufhalten. Das könnte in Zukunft ja häufiger der Fall sein, wenn Du ernsthaft eine Karriere in der Wissenschaft anstrebst.

Aber lass mich für einen Moment des Teufels Advokat spielen. Es ist wichtig, dass Du Dich fragst, ob Du nur an der Universität bleiben möchtest, weil Du Dich dort am wohlsten fühlst. In Deinem Alter solltest Du Dich aber noch nicht um das „Wohlfühlen" kümmern.

Ein Mathematiker in der Forschung gleicht einem Schriftsteller oder Künstler: Jeder Glamour, wie er sich für Außenstehende zeigen mag, verblasst schnell angesichts der Frustrationen im Job, der Ungewissheit und der harten, oft einsamen Arbeit. Du kannst nicht erwarten, dass die gelegentlichen Augenblicke im Rampenlicht das Ganze lohnenswert machen. Das machen sie bestimmt nicht, es sei denn, Du wärst oberflächlicher, als ich glaube. Deine Befriedigung muss aus der Euphorie kommen, die Dich plötzlich durchflutet, wenn Du zum ersten Mal das Problem, an dem Du arbeitest, verstehst und seinen Lösungsweg erkennst. Wie eine Süchtige musst Du nach diesem Gefühl streben, um für all die harte Arbeit ausreichend belohnt zu werden.

Es ist paradox: Obwohl ein Großteil der Arbeit eines Mathematikers in der Abgeschiedenheit, ja sogar in der Einsamkeit stattfindet, ist der wichtigste Aspekt der Forschung nicht das ausgewählte Gebiet, sondern die Art und Weise, wie der Mathematiker mit den Menschen um sich herum umgeht. Wenn Du beginnst, Deine Doktorarbeit zu schreiben, wirst du dabei nicht alleine sein. Deine Kommilitonen werden Dich unterstützen; Dein Fachbereich wird als Dein Clan innerhalb des größeren Stammes von Mathematikern weltweit fungieren; darüber hinaus hast Du einen Doktorvater. Normalerweise ist er oder sie ein anerkannter Experte mit einer soliden Erfolgsbilanz in Deinem Studiengebiet. Manchmal ist es jemand, der seine eigene Doktorarbeit erst vor wenigen Jahren abgeschlossen hat. In diesem Fall wird vermutlich zusätzlich ein älterer Berater mit mehr Erfahrung zur Verfügung stehen.

Aber gerade junge Berater sind oft eine ausgezeichnete Wahl. Sie sprudeln über vor Ideen, und da sie selbst gerade erst die akademische Mühle durchgemacht haben, werden sie wahrscheinlich viel Verständnis für Deine Kämpfe haben.

1991 hat Helen Haste, eine befreundete Soziologin, in der April-Ausgabe des *Psychologist* die Muster des Schenkens unter „Akademikern" analysiert, die ja als unnahbar und rückwärts gewandt bekannt sind. Dieser Artikel war eine anthropologische Parodie, aber in einigen Punkten dennoch aufschlussreich. Bei den Geschenken handelt es sich um wissenschaftliche Papiere; der Artikel klassifiziert Akademiker auf einer sechsstufigen Karriereleiter. Außerdem gibt es eine unorthodoxe Rolle, die aus dem üblichen Rahmen fällt.

Du bist dabei, die erste Sprosse der Leiter zu erklimmen, indem Du eine DDX wirst: die Doktorandin von Dr. X. Von dort aus wirst Du, da bin ich sicher, schnell zur VJF, der vielversprechenden jungen Forscherin, und dann

zur EF, der etablierten Forscherin, aufsteigen. Wenn Du Dich dafür entscheidest, in der akademischen Welt zu bleiben, dann lauten die folgenden Grade FW (führende Wissenschaftlerin), GAD (große alte Dame) beziehungsweise GAM (großer alter Mann) und EG (emeritierte/r Großmeister/in). Als eine DDX hast Du selbst noch keine rituellen Geschenke produziert, und deshalb kannst Du sie niemandem schenken. Du kannst sie erbitten, aber normalerweise nur von Gleichrangigen. Wenn Du vor Deinem Stamm auftrittst – das heißt in Seminaren –, dann wirst Du immer wieder die Namen zweier „Vorfahren" ins Feld führen, den eines führenden Theoretikers und den Deines Doktorvaters. VJF sind bereits entspannter und verstehen die Rituale besser. Er oder sie wird immer noch jene zwei Vorfahren benennen, aber kurz und oft nur in Fußnoten. Schlaue VJF berufen sich stattdessen auf die FW. Sie fahren zu Stammestreffen (Konferenzen), beladen mit Geschenken, die sie freizügig verteilen, so dass ihre Reise eher einer Pilgerfahrt gleicht. Sie fühlen sich auch dazu befähigt, Geschenke von ihren FW zu erbitten, wenn auch nicht zu oft und immer höflich. Die EF beziehen sich selten auf einen führenden Theoretiker und erwähnen bevorzugt Vorfahren, die noch aktiv sind; aber – und das ist aufschlussreich – ein EF erwähnt eventuell Nachkommen, um zu demonstrieren, dass er welche hat. EF bringen keine Geschenke mit zu den Stammestreffen, da sie diese bereits vorher klug an die Meinungsführer des Stammes verteilt haben.

FW berufen sich oft auf einen führenden Theoretiker mit dem Ziel, ihn oder sie abzulösen. Zu diesem Zweck versuchen sie, auf eigene wesentliche Weiterentwicklungen der Ideen dieses Theoretikers aufmerksam zu machen. FW verteilen oder empfangen niemals Geschenke in der Öffentlichkeit, sondern erwarten, viele

Geschenke auf eine verdeckte Weise zu erhalten. Eine GAD sitzt an der Spitze der Geschenkehierarchie, sie verteilt nie Geschenke, fordert sie aber von jedem, besonders von den VJF. Die EG wird von fast allen als Vorfahr genannt, nimmt aber absolut keinen Anteil an dem Austausch von Geschenken.

Die Rolle, die überhaupt nicht in diese Reihe und eigentlich nirgendwo hineinpasst, was ihre Raison d'être ausmacht, ist die des Außenseiter-Gurus (AG). Helen beschreibt die AG wie folgt: »Ein AG hat eine wichtige symbolische Rolle, da er eigenartige magische Kräfte hat, die in der Gemeinschaft Furcht und Faszination auslösen. Der AG steht außerhalb des orthodoxen Mainstream, aber er kritisiert ihn mit Engagement. Der AG kann von den Juniormitgliedern der Gemeinschaft nicht als Vorfahr heraufbeschworen werden, sofern sie im Mainstream bleiben wollen ... Ein ehemaliger AG wird schnell ein GAM.«

Ich erwähne all dies, weil Du Deinen Platz innerhalb des Stammes verstehen musst und weil Dein Aufstieg vom DDX zur VJF und zur EF sehr stark von Deiner Wahl von X abhängt, der oder die entweder ein EF, ein FW oder vielleicht ein GAD/GAM sein sollte. *Wähle keinen AG*, gleichgültig wie attraktiv diese Option zu sein scheint, es sei denn, Du beabsichtigst, Deine gesamte Karriere abseits der konventionellen Leiter zu verbringen. Und generell rate ich Dir, Dich von GAD und GAM fernzuhalten. Glaube mir: Ich wollte ein AG werden, aber ich befürchte, dass ich stattdessen zum GAM wurde. Ein GAM weist eine beeindruckende Erfolgsbilanz auf, aber viele Erfolge reichen in eine graue und ferne Vorzeit zurück: Sie sind fünf Jahre alt oder sogar noch älter. Je älter ein Akademiker wird, desto mehr akademischen Ballast trägt er mit sich herum. Das Denken der GAD und GAM bewegt sich in eingefahrenen Bahnen, und obwohl ihnen alles beeindru-

ckend mühelos und selbstbewusst von der Hand geht,
entgehen ihren Studenten vielleicht die wirklich neuen
Ideen, die den Motor der Forschung ausmachen. Einige
GAD und GAM geben trotzdem exzellente Berater ab, nor-
malerweise jene, die kurz davor sind, AG zu werden.
EG haben nie Studenten.

Mein Berater, Brian Hartley, war ein FW im Bereich der
Gruppentheorie – der formalen Mathematik von der Symmetrie. Er war jung, aber nicht zu jung. Ich habe ihn nicht
gewählt, und er hat mich nicht gewählt; ich habe das
Gebiet gewählt, und die Verwaltung hat mich ihm zugewiesen, weil er auf diesem Gebiet arbeitete. Es gab vier
oder fünf Alternativen. Mit jedem wäre eine Zusammenarbeit möglich gewesen – später lernte ich sie alle als Kollegen kennen –, aber meine Forschungsarbeit hätte anders
ausgesehen. Ich hatte Glück mit Brian, der mich an ein
Problem setzte – eher ein volles Programm –, das meinen
Interessen und Fähigkeiten wirklich entsprach. Er war
brillant. Er traf sich regelmäßig mit mir, stand immer zur
Verfügung, wenn ich nicht weiterkam, und war selten um
eine Antwort verlegen.

Brian war, glaube ich, etwas vor den Kopf gestoßen, als
ich am ersten Tag meines Doktorandenseminars in sein
Büro marschierte und nach einer Forschungsaufgabe
fragte. Normalerweise brauchen Studenten etwas länger,
um in die Gänge zu kommen. Aber nach einer halben
Stunde hatte ich ein Thema – welches sich aus seinen
eigenen Arbeiten ergab, mein erstes Geschenk –, und es
stellte sich als Prachtstück heraus. Das Forschungsprogramm sollte einen speziellen Gruppentyp untersuchen,
den ein russischer Mathematiker, Anatoly Ivanovich Mal-
cev, mit einer anderen mathematischen Struktur namens
Lie-Algebra verknüpft hatte. Diese Struktur wurde vor
über einem Jahrhundert von dem Norweger Sophus Lie
entwickelt, aber (trotz des Namens) vorwiegend im

Zusammenhang mit der Analysis, nicht der abstrakten Algebra studiert. Malcevs rein algebraische Version bot also eine neue Sichtweise. Wie viele Russen seiner Zeit hatte er die Ideen skizziert, aber nicht im Detail entwickelt. Meine Aufgabe bestand darin, Malcevs Gedanken und Vermutungen aufzugreifen und die notwendigen Beweise und anderen Verbindungen nachzutragen, im Endeffekt also einen Packen mit Skizzen und Zeichnungen in einen fertigen Entwurf für ein Gebäude zu verwandeln. Ich brauchte drei Monate dafür, und von der Lie-Algebra wurde ich besessen. Schließlich schrieb ich meine gesamte Doktorarbeit über Lie-Algebren.

Brians Einfluss beschränkte sich nicht auf Forschungsprobleme. Er und seine Frau Mary luden mich und andere Doktoranden zu sich nach Hause ein. Gelegentlich fragte er mich, ob ich ihn zu einer Jazzveranstaltung in einem Lokal am Ort begleiten wolle. 1994 starb er unerwartet im Alter von 55 Jahren, während er in den Hügeln bei Manchester wanderte. Ich schrieb seinen Nachruf für *The Guardian*. Er endete mit den Worten: »Ich sah Brian zuletzt vor einigen Wochen auf einem Treffen, um den 60. Geburtstag eines gemeinsamen Freundes zu begehen. Er hatte gerade ein hochdotiertes Stipendium erhalten, das ihn fünf Jahre lang von all seinen Lehrverpflichtungen entbinden würde, damit er sich ganz auf die Forschung konzentrieren konnte. Er verließ uns mit den Stiefeln an den Füßen, um auf seinen geliebten Hügeln wandern zu gehen. Ich meine das wörtlich und metaphorisch. Und so wollen wir ihn alle in Erinnerung behalten.«

Es ist für mich immer noch schwer zu akzeptieren, dass er gegangen ist.

Wie schon gesagt, ich hatte Glück. Das System hatte mich dem idealen Berater zugewiesen. Aber Du kannst es noch besser machen. Verlasse Dich nicht auf den Zufall:

Wähle Deinen Doktorvater selbst. Lies die Literatur, sprich mit den Fachleuten, finde heraus, wer einen guten Ruf hat und – besonders wichtig – wer gut mit Studenten umgehen kann. Mach Dir eine Liste. Besuche und befrage sie. Vertraue Deinem Gefühl. Und, denk daran, Du willst keinen GAM und keine GAD, die Dich ignorieren; Du wünscht Dir eine enge persönliche Beziehung. Darf ich hinzufügen: nicht *zu* eng? Das Klischee, dass die Dozenten mit ihren Studentinnen ins Bett gehen, gibt es, weil genau das passiert. Irgendwer hat einmal festgestellt, je subjektiver ein Fach sei, desto besser gekleidet seien die Dozenten. Ein ähnliches Prinzip scheint auf verbotenen Sex zuzutreffen. Wir Mathematiker sind davon eher weniger betroffen, vielleicht weil wir uns so schlecht kleiden. Auf jeden Fall weiß jeder, dass Sex mit Studentinnen unprofessionell ist, und es gibt heutzutage auch Gesetze gegen sexuelle Belästigung. Genug davon. Was das Vergnügen und die Gefühle betrifft, beschränke Dich bitte auf Kommilitonen oder auf Leute außerhalb der Universität.

Es wird oft gewitzelt, dass die mathematische Begabung typischerweise vom Vater auf den Schwiegersohn (oder heute von der Mutter auf die Schwiegertochter) übertragen wird. Ein männlicher Doktorand heiratete nämlich häufig die Tochter seines Beraters. Das ist *eine* Möglichkeit, Leute außerhalb des Campus zu treffen. Auf diese Weise kann die wirkliche Nachkommenschaft von der mathematischen beeinflusst werden.

Mathematiker sind stolz darauf, ihre akademische Abstammung anhand ihrer Doktorväter zu verfolgen. Brian war mein Doktorvater und Philipp Hall mein mathematischer Großvater. Hall gehörte zu einer Generation, für die eine Doktorarbeit zur Qualifikation für einen Universitätsberuf unnötig war. Den wichtigsten Einfluss auf seine frühe Arbeit hatte William Burnside. Der wiederum

kann als mathematischer Sohn von Arthur Cayley angesehen werden, einem der berühmtesten englischen Mathematiker der Viktorianischen Ära. Ich erinnere mich an diese Menschen und schätze sie. Ich weiß, wo und wie ich in den Familienstammbaum des mathematischen Denkens hineinpasse. Arthur Cayley ist als Vorfahr ebenso wichtig für mich wie jeder meiner biologischen Ururgroßväter. Talent muss an die nachfolgenden Generationen weitergereicht werden. Bislang war ich der Doktorvater von 30 Studenten, 20 Männern und zehn Frauen. Seit 1985 ist das Verhältnis Männer zu Frauen 50 zu 50. Ich *weiß*, dass Frauen genauso gut in Mathematik sind wie Männer, da ich beide aus der Nähe beobachte. Ich bin besonders stolz auf meine mathematischen Töchter, von denen die meisten aus Portugal stammen, wo Mathematik schon lange als geeignete Tätigkeit für Frauen angesehen wird. Alle meine portugiesischen Töchter sind wie überhaupt die meisten meiner Hochschulabsolventen bei der Mathematik geblieben; jeder einzelne hat einen Doktortitel erworben. Einer ist jetzt Buchhalter, einige arbeiten im Computerbereich, einer besitzt eine Elektronikfirma, zumindest war das so, als ich das letzte Mal von ihm hörte.

Der Rest der Welt folgt nun dem Beispiel Portugals. Im Juli 2005 veröffentlichte die American Mathematical Society die Ergebnisse der *Annual Survey of the Mathematical Sciences* von 2004. Seit den frühen 90er Jahren des vergangenen Jahrhunderts haben Frauen etwa 45 Prozent aller Universitätsabschlüsse in Mathematik erworben. Frauen erhielten im akademischen Jahr 2003/2004 ein Drittel aller US-amerikanischen Doktortitel in Mathematik, und ein Viertel davon wurde in den bedeutendsten Mathematikfakultäten des Landes verliehen. Insgesamt errangen in jenem Jahr 333 Frauen einen Doktortitel in Mathematik – das ist die höchste jemals registrierte Zahl.

Die Vorstellung, Mathematik sei ein ungeeignetes Fach für Frauen, gehört endgültig der Vergangenheit an. Die Karriereleiter ist beiden Geschlechtern zugänglich, obwohl die oberen Sprossen für Frauen immer noch schwer erreichbar sind.

✉ Rein oder angewandt?

15

Liebe Meg,

wenn Du Dir als Studentin im ersten Jahr einen Themen-schwerpunkt in Mathematik aussuchen sollst, dann werden Dir viele sagen, die schwerste Wahl sei die zwischen reiner und angewandter Mathematik.

Kurz gesagt, das Beste ist, wenn Du beides tust. Oder etwas ausführlicher: Die Unterscheidung zwischen rein und angewandt ist nicht hilfreich und wird zunehmend unhaltbar. Die Begriffe „rein" und „angewandt" repräsentieren zwei unterschiedliche Herangehensweisen an unser Fach, aber sie stehen nicht in Konkurrenz zueinander. Der Physiker Eugene Wigner sprach einst über die „unvernünftige Effektivität der Mathematik", was die Vermittlung von Einsichten in die natürliche Welt betrifft; seine Wortwahl verdeutlicht, dass er die reine Mathematik meinte. Warum sollten abstrakte Formulierungen, die scheinbar jeder Verbindung zur Realität entbehren, von so großer Bedeutung für so viele Wissenschaftszweige sein? Und doch sind sie es.

Es gibt viele mathematische Stile, und wenn auch die reine und angewandte Mathematik zufällig einen Namen haben, so repräsentieren sie doch nur zwei Punkte im Spektrum mathematischen Denkens. Die reine Mathematik verschmilzt mit Logik und Philosophie und die angewandte Mathematik mit mathematischer Physik und Tech-

nik. Sie sind Tendenzen, aber nicht die Extreme innerhalb des Spektrums. Nur durch historischen Zufall haben diese beiden Tendenzen zu einer verwaltungsmäßigen Trennung in der akademischen Mathematik geführt: Viele Universitäten bringen reine und angewandte Mathematik in unterschiedlichen Abteilungen unter. Erbittert wird um jede neue Berufung und Position in Komitees gerungen; erst in letzter Zeit wird das etwas besser.

Angewandte Mathematiker karikieren die reine Mathematik als abstrakten intellektuellen Unsinn im Elfenbeinturm, der keinerlei praktische Auswirkungen habe. Angewandte Mathematik, entgegnen die unverbesserlichen Anhänger der reinen Mathematik, sei intellektuell schludrig, ihr fehle die Strenge und sie ersetze Verständnis durch Herumrechnerei. Wie alle guten Karikaturen enthalten beide ein Körnchen Wahrheit, aber Du solltest sie nicht wörtlich nehmen. Du wirst aber nichtsdestotrotz gelegentlich solchen übertriebenen Ansichten begegnen, genau wie Du Reaktionären über den Weg laufen wirst, die immer noch glauben, dass Frauen in der Mathematik und anderen Wissenschaften nichts taugen. Ignoriere sie einfach. Ihre Zeit ist vorüber, sie haben es nur noch nicht gemerkt.

Der Mathematiker Timothy Poston, ein Kollege, den ich nun seit 35 Jahren kenne, schrieb 1981 in *Mathematics Tomorrow* einen eindringlichen Artikel. Er beobachtete – um seine komplexe Argumentation zu umschreiben –, dass die „Reinheit" der reinen Mathematik nicht die einer müßigen Prinzessin ist, die sich weigert, ihre Hände durch gute, ehrenwerte Arbeit zu beschmutzen, sondern eine Reinheit der *Methode*. In der reinen Mathematik ist es nicht erlaubt, Verfahren abzukürzen oder zu ungerechtfertigten Schlüssen zu gelangen – und seien sie noch so plausibel. Tim sagte:»Konzeptuelles Denken ist das Salz der Mathematik. Wenn das Salz seinen Geschmack verliert, mit was soll man dann die Anwendungen würzen?«

In den 70er Jahren des letzten Jahrhunderts entstand ein Mittelweg, die „anwendbare Mathematik", aber diese Bezeichnung konnte sich nie wirklich durchsetzen. Ich sehe das so, dass alle mathematischen Bereiche potenziell anwendbar sind, obwohl – ähnlich wie in *Farm der Tiere* – einige anwendbarer sind als andere. Ich bevorzuge einen einzigen Begriff, den der Mathematik, und ich glaube, das Fach sollte nur in einem einzigen Gebäude auf dem Campus untergebracht sein. Heutzutage liegt der Schwerpunkt darin, die Einheit der sich überlappenden Gebiete von Mathematik und Wissenschaft weiterzuentwickeln, nicht künstliche Grenzen aufzuziehen.

Es hat ziemlich lange gedauert, bis wir diesen glücklichen Status quo erreicht haben.

Zu Zeiten von Euler und Gauß trennte niemand zwischen der inneren Struktur der Mathematik und der Art und Weise, wie sie angewandt wurde. Euler schrieb an einem Tag über die Anordnung der Masten auf Schiffen und am nächsten Tag über elliptische Integrale. Gauß wurde durch seine Arbeiten in der Zahlentheorie unsterblich – darunter Schmuckstücke wie das Gesetz der quadratischen Reziprozität –, aber er nahm sich auch Zeit, die Umlaufbahn des Ceres, des ersten bekannten Asteroiden, zu berechnen. Eine empirisch nachweisbare Regelmäßigkeit im Abstand der Planeten – das Titius-Bode-Gesetz – sagte voraus, es gebe einen bis dahin unbekannten Planeten zwischen Mars und Jupiter. Der italienische Astronom Giuseppe Piazzi entdeckte 1801 einen Himmelskörper in einer passenden Umlaufbahn und nannte ihn Ceres. Die Beobachtungen waren sehr spärlich, und die Astronomen verzweifelten beim Versuch, Ceres wiederzufinden, als er hinter der Sonne hervorkam. Gauß reagierte auf diese Schwierigkeit, indem er die Methoden der Berechnung von Umlaufbahnen verbesserte. Dabei erfand er nebenbei solche Kleinigkeiten wie die Methode der kleinsten Quad-

rate. Diese Arbeit machte ihn weltberühmt und lenkte seinen Arbeitsschwerpunkt auf die Himmelsmechanik; dennoch – so die vorherrschende Ansicht – entstammt seine großartigste Arbeit der reinen Mathematik. Danach führte Gauß geografische Studien durch und erfand den Telegrafen. Niemand konnte ihm vorwerfen, praxisfern zu sein. In der angewandten Mathematik war er ein Genie. Aber in der reinen Mathematik war er ein Gott. Am Übergang vom 19. ins 20. Jahrhundert war die Mathematik zu umfangreich geworden, als dass eine einzelne Person ihre Gesamtheit hätte erfassen können. Man begann sich zu spezialisieren. Die Forscher ließen sich von denjenigen Gebieten der Mathematik anziehen, deren Methoden ihnen zusagten. Wer mehr daran interessiert war, seltsame Muster auszutüfteln, und die logischen Anstrengungen genoss, die für Beweise notwendig sind, spezialisierte sich auf die eher abstrakten Gebiete der mathematischen Landschaft. Praktiker, die *Antworten* suchten, wurden von den Bereichen an der Grenze zu Physik und Technik angezogen.

Um 1960 war aus dem Auseinanderdriften ein Riss geworden. Was reine Mathematiker als ihre Hauptrichtung ansahen – Analysis, Topologie, Algebra –, war in abstrakte Gefilde abgewandert, die denjenigen mit eher praktischem Sinn äußerst unangenehm vorkamen. Angewandte Mathematiker opferten inzwischen die logische Strenge, um Zahlen aus zunehmend schwierigeren Gleichungen gewinnen zu können. *Überhaupt* eine Antwort zu erhalten, war wichtiger geworden, als die *richtige* Antwort zu finden, und jede Argumentation, die zu einer vernünftigen Lösung führte, war akzeptabel – selbst wenn niemand erklären konnte, warum sie funktionierte. Physikstudenten sagte man, sie sollten besser keine Kurse bei Mathematikern belegen, denn die würden sie nur verwirren.

Leider übersahen zu viele Menschen, die in diese Auseinandersetzungen verstrickt waren, dass es keinen besonderen Grund gibt, mathematische Aktivitäten auf einen
Denkstil zu beschränken. Es gibt keinen vernünftigen
Grund, weshalb reine Mathematik gut und angewandte
Mathematik schlecht sein sollte – und umgekehrt. Aber
viele nahmen diese Haltung dennoch ein. Reine Mathematiker zeigten sich ostentativ desinteressiert am Nutzen von
allem, was sie betrieben; viele, so wie Hardy, waren sogar
stolz, dass ihre Arbeit keinen praktischen Nutzen hatte. Im
Rückblick gibt es neben mehreren schlechten Gründen
für diese Haltung immerhin auch einen guten: Das Streben nach Allgemeingültigkeit führte zu einer genauen
Prüfung der mathematischen Strukturen, was wiederum
einige große Lücken in unserem Verständnis der Grundlagen des Faches offenbarte. Es gab Annahmen, deren Gül-
tigkeit allen so offensichtlich schien, dass niemand
bemerkte, dass es sich nur um Annahmen handelte – bis
sie sich als falsch herausstellten.

So wurde beispielsweise angenommen, jede stetige
Kurve müsse nahezu überall eine eindeutig definierte
Tangente haben, aber natürlich nicht an scharfen Kanten,
weshalb „überall" eine zu starke Behauptung war. Gleichermaßen wurde angenommen, jede stetige Funktion
müsse nahezu überall differenzierbar sein.

Doch dem ist nicht so. Karl Weierstraß hat eine einfache
stetige Funktion entdeckt, die *nirgendwo* differenzierbar
ist.

Spielt das eine Rolle? Ähnliche Schwierigkeiten traten
im Bereich der Fourier-Analyse in einem solchen Ausmaß
auf, dass niemand mit Sicherheit sagen konnte, welche
Theoreme falsch oder richtig waren. Aber nichts davon
hielt die Ingenieure ab, sinnvollen Gebrauch von der Fourier-Analyse zu machen. Jedoch entwickelte sich als eine
Konsequenz aus dem Kampf, Ordnung in dieses Gebiet zu

bringen, die Maßtheorie, die die Grundlage für die Wahrscheinlichkeitstheorie bereitstellte. Ein anderes Ergebnis war die fraktale Geometrie, eine der vielversprechenden Möglichkeiten, die Unregelmäßigkeiten der Natur zu verstehen. Probleme der Strenge berühren selten die sofortige und direkte Anwendung mathematischer Konzepte, aber die Lösung dieser Probleme legt gewöhnlich elegante neue Ideen frei, die für andere Anwendungsbereiche wichtig sind und ansonsten gefehlt hätten.

Wenn man konzeptuelle Schwierigkeiten nicht löst, ähnelt dies ein wenig dem Versuch, mit einer neuen Kreditkarte die Schulden einer alten zu bezahlen. Man kann einige Zeit auf diese Weise zurechtkommen, aber irgendwann wird die Rechnung fällig.

Der erforderliche mathematische Denkstil, um Ordnung in die Fourier-Analyse zu bringen, war selbst reinen Mathematikern unvertraut. Nur zu oft schien es, als bestünde das Ziel nicht darin, neue Theoreme zu beweisen, sondern sich teuflisch komplizierte Beispiele auszudenken, die den existierenden Theoremen ihre Grenzen aufzeigten. Viele reine Mathematiker fühlten sich von diesen Beispielen gestört und sahen sie als „pathologisch" und „monströs" an. Sie hofften, dass sie einfach verschwinden würden, wenn man sie ignorierte. David Hilbert, einer der führenden Mathematiker des frühen 20. Jahrhunderts, lehnte diese Auffassung endlich ab. Er empfand den sich neu entwickelnden Bereich als ein „Paradies". Die meisten Mathematiker brauchten jedoch eine geraume Weile, um ihm folgen zu können. Erst in den 60er Jahren waren sie so weit, dass ihre Köpfe fast ausschließlich damit beschäftigt waren, die internen Schwierigkeiten der großen mathematischen Theorien zu bereinigen. Wenn Du von der Topologie zu wenig verstehst, um einen Kreuzknoten von einem Altweiberknoten unterscheiden zu können, dann ist es wohl zwecklos, sich um

Anwendungen zu kümmern. Die müssen warten, bis wir die Sache geklärt haben. Erwarte nicht von mir, dass ich eine Hausbar zimmere, solange ich noch versuche, die Säge zu schärfen.

Es sah ein bisschen nach Elfenbeinturm aus. Aber als Gesamtheit hatten die Mathematiker nicht vergessen, dass die wichtigste schöpferische Macht der Mathematik in ihrer Verbindung zur Natur besteht. Als die Theorien überzeugender wurden und die Lücken gefüllt waren, ergriffen einzelne Mathematiker den neuen Werkzeugkasten und fingen an, ihn zu verwenden. Sie arbeiteten sich in Gebiete ein, die bisher den angewandten Mathematikern vorbehalten waren. Diese lehnten die Eindringlinge und ihre Methoden ab.

Mark Kac, ein Probabilist mit Interesse an vielen anderen Bereichen der Anwendung, schrieb eine amüsante und scharfe Analyse über die Neigung reiner Mathematiker, angewandte Probleme in abstrakten Begriffen neu zu formulieren. Er verglich ihre Vorgehensweise mit der Erfindung von „dehydrierten Elefanten" – technisch schwierig, aber ohne praktischen Wert. Mein Freund Tim Poston zeigte auf, dass dies eine missglückte Analogie darstellt. Es ist sogar ziemlich leicht, einen dehydrierten Elefanten zu produzieren. Die wirkliche technische Aufgabe ist eine ganz andere: Sie besteht darin sicherzustellen, dass man wieder einen voll funktionsfähigen Elefanten erhält, wenn man ihm Wasser zuführt. Hannibal, sagte er, hätte seinen Marsch nach Rom sonst auch mit einer Fuhre dehydrierter Elefanten erledigen können.

Trotz seiner schrägen Metapher hatte Kac nicht ganz Unrecht: Abstrakte Neuformulierungen sind kein Selbstzweck. Aber mit seinem Beispiel verdarb er alles. Denselben Fehler machte der Vater meiner Frau in den 50er Jahren, als er richtig anmerkte, die meisten Popstars gerieten sowieso bald in Vergessenheit, aber dann als Beispiel aus-

gerechnet Elvis Presley wählte. Der Prototyp von Kacs dehydrierten Elefanten war Steven Smales Umgestaltung der klassischen Mechanik in die Begriffe der „symplektischen Geometrie". Es wäre zu viel verlangt, diese neue Art der Geometrie hier zu erklären; es mag der Hinweis genügen, dass Smales Idee inzwischen als tiefgründige Anwendung der Topologie auf die Physik angesehen wird.

Ein anderer lautstarker Kritiker der Abstraktion in der Mathematik war John Hammersley, ein extrem praktischer Mann und großartiger Problemlöser. Hammersley beobachte mit Bestürzung, wie die „neue Mathematik" der 60er Jahre die Schulcurricula auf der ganzen Welt eroberte. Aufgaben wie das Lösen von quadratischen Gleichungen wurden über Bord geworfen. Stattdessen klebte man Möbius-Bänder zusammen, um zu sehen, wie viele Seiten und Ecken sie haben. 1968 schrieb er eine gefeierte Schmährede mit dem Titel *Über die Schwächung mathematischer Fertigkeiten durch die „Moderne Mathematik" und über ähnlichen halbintellektuellen Müll in Schulen und Universitäten.*

Wie Kac hatte er nicht ganz Unrecht, aber es wäre besser gewesen, wenn er sich nicht so sicher gewesen wäre, dass alles Müll sei, was er nicht mochte. Allgemeingültigkeiten werden aus Besonderheiten abstrahiert. Am besten ist es, die Besonderheiten zu lehren, bevor man die Abstraktion durchführt. Aber in den späten 60er Jahren warfen die Lehrkräfte die Besonderheiten über Bord. Sie waren zu der Überzeugung gelangt, dass es wichtiger sei zu wissen, dass $7 + 11 = 11 + 7$, als zu wissen, dass beides 18 ergab; es war sogar wichtig zu wissen, dass $a + b = b + a$, und dies ohne eine Ahnung zu haben, wofür a und b eigentlich stehen. Ich kann verstehen, warum Hammersley außer sich war. Aber ... oje! Aus heutigem Blickwinkel wirkt er wie ein Reaktionär. Es hat sich gezeigt, dass der „halbintellektuelle Müll" aus nützlichen und wichtigen

Ideen besteht, die aber am Besten an der Universität, nicht in der Schule gelehrt werden. An ihren Grenzbereichen musste die Mathematik allgemein und abstrakt werden, ansonsten hätte es keinen Fortschritt gegeben. Wenn ich aus dem 21. Jahrhundert, einer Zeit, in der die Arbeit der 60er Jahre Früchte trägt, auf diese Epoche zurückblicke, dann komme ich zu dem Ergebnis, dass Hammersley die Lage nicht richtig einschätzte: Neue Anwendungen benötigen neues Handwerkszeug, und die Theorien, die von den reinen Mathematikern so emsig entwickelt wurden, stellten die Hauptquelle für diese neuen Werkzeuge dar.

Was Hammersley vor 40 Jahren als „halbintellektuellen Müll" verunglimpfte, ist genau das, was ich heute benutze, wenn ich an Problemen der Strömungslehre arbeite oder an evolutionärer Biologie und Neurowissenschaften. Ich verwende die Gruppentheorie, die grundlegende Sprache der Symmetrie, um die Allgemeingültigkeit der Anordnung von Mustern und ihre Anwendung auf viele Bereiche der Wissenschaft zu verstehen. Und genauso handeln Hunderte anderer in der Mathematik, in Physik, Chemie, Astronomie, Ingenieurwesen und Biologie.

Menschen, die sich stolz als „Praktiker" bezeichnen, ärgern mich genauso wie diejenigen, die stolz darauf sind, das Gegenteil zu sein. Beide können sehr engstirnig sein. Ich erinnere mich an den Chemiker Thomas Midgley jr., der einen großen Teil seines beruflichen Lebens zwei großen Erfindungen widmete – Freon und verbleitem Benzin. Freon ist ein Chlorfluorkohlenwasserstoff (CFK), und diese Klasse von Chemikalien ist für das Loch in der Ozonschicht verantwortlich und heute weitgehend verboten. Auch Blei im Benzin wurde wegen seiner nachteiligen Wirkungen auf die Gesundheit besonders von Kindern aus dem Verkehr gezogen. Manchmal führt ein verengter Blickwinkel auf die unmittelbare Anwendbarkeit zu großem Ärger in der Zukunft. Natürlich ist man im Nachhi-

nein immer klüger, und es war schwierig vorherzusagen, dass die katalytischen Reaktionen auf Eiskristalle, die stabile FCKWs anscheinend produzierten, eine solch zerstörerische Wirkung auf die obere Atmosphäre haben würden. Verbleites Benzin war aber schon immer eine schlechte Idee.

Es ist in Ordnung, wenn Menschen ihre Meinung vertreten, wie Mathematik betrieben werden sollte. Aber sie sollten sich nicht anmaßen zu behaupten, es gebe nur einen richtigen Weg. Ich schätze Vielfalt, Meg, und ich bitte Dich, das auch zu tun. Auch schätze ich Fantasie, und ich möchte Dich ermutigen, Deine eigene zu entwickeln und anzuwenden. Man braucht eine gute Mischung aus Fantasie und Skeptizismus, um zu sehen, dass das, was heute in Mode ist, es nicht immer sein wird, oder dass das, was Deine Kollegen als Fimmel abtun, viel mehr bedeuten kann. Die schicken Kleider von heute sind manchmal mit reinem Gold durchwirkt.

Sei offen für alles, aber behalte den Überblick.

Über die Jahre hat sich eine Anzahl neuer Gebiete in der Mathematik aus den verschiedensten Quellen entwickelt – entweder aus Problemen in der wirklichen Welt oder aus abstrakten Theorien, die irgendjemand für interessant hielt. Einige dieser Gebiete haben die Aufmerksamkeit der Medien erregt; dazu gehören die fraktale Geometrie, die nichtlineare Dynamik („Chaostheorie") und die komplexen Systeme. Fraktale sind Formen wie Farne oder Berge, die auf allen Vergrößerungsebenen eine detaillierte Struktur aufweisen. Chaos ist ein extrem uneinheitliches Verhalten (wie das Wetter), das von deterministischen Gesetzen verursacht wird. Komplexe Systeme modellieren die Interaktionen einer großen Anzahl relativ einfacher Einheiten (wie die von Händlern an der Börse). In der Fachliteratur und in den mathematischen Zeitschriften begegnet man gelegentlich Kritikern dieser Gebiete, die diese

nur allzu vertraute reaktionäre Haltung haben und alles ablehnen, was nicht eine Jahrhunderte während Erfolgs- geschichte aufweisen kann oder an dem der Kritiker nicht selbst arbeitet. Was diese Kritiker wirklich verärgert, ist nicht der Inhalt dieser neuen Gebiete, sondern ihre Reso- nanz in den Medien, die ihr eigenes Gebiet nicht aufwei- sen kann, obwohl es doch offensichtlich so überlegen ist. Es ist tatsächlich relativ einfach, den wissenschaftlichen Einfluss von beispielsweise Fraktalen oder Chaos abzu- schätzen. Du musst nur einen Monat lang *Nature* oder *Science* lesen, und Du wirst sehen, dass diese Gebiete ver- wendet werden, um zu untersuchen, wie Moleküle wäh- rend einer chemischen Reaktion aufbrechen, wie riesige Gasplaneten neue Monde einfangen oder wie Gattungen in einem Ökosystem die Ressourcen untereinander auftei- len. Die wissenschaftliche Gemeinschaft hat diese neuen Gebiete schon lange akzeptiert, der Umgang mit ihnen ist heute nicht weiter bemerkenswert, er ist Routine. Und doch bezweifeln einige Unverbesserliche, die offensicht- lich die Reichweite der Wissenschaft nicht erfassen, die Wichtigkeit dieser Gebiete. Ich fürchte, sie sind schon seit 20 Jahren nicht mehr auf dem Laufenden. Man kann nicht etwas als Eintagsfliege abtun, das schon 9 000 Tage über- lebt hat und immer noch gedeiht.

Diese Menschen sollten sich neu orientieren.

Kac und Hammersley waren auf ihren eigenen Gebieten ungewöhnlich kreativ, fantasievoll und vorwärts schau- end. Also ist es vielleicht unfair, sie als Beispiele reaktionä- rer Mathematiker anzuführen. Sie drückten lediglich Hal- tungen aus, die zu ihrer Zeit weit verbreitet waren. Kac erzielte große Fortschritte in der Wahrscheinlichkeitsthe- orie, und sein Aufsatz „Can One Hear the Shape of a Drum?" ist ein Juwel. Im Nachruf auf Hammersley im *Independent on Friday* 2004 stand über seine Arbeit: »Hammersley … stellte und löste einige schöne Probleme;

zu den besten gehören selbstvermeidende Irrfahrten und die Perkolation. Es machte ihm Freude, im Ruhestand die Anerkennung zu erfahren, die ihm deshalb von Mathematiken und Physikern zukam, und die enormen Fortschritte zur Kenntnis zu nehmen, die seit seinen eigenen Pionierarbeiten zu verzeichnen waren.« Aber auch: »Ironischerweise wurde der jüngste Fortschritt eher über eine allgemeine Theorie erreicht als durch die Art praktischer Techniken, die Hammersley bevorzugte.« Vielleicht ist es ironisch, aber auf jeden Fall gänzlich vorhersehbar. Hammersley gehörte zu einer Generation angewandter Mathematiker, die machte, tat und reparierte. Heute wird mehr Aufmerksamkeit darauf gerichtet, dass die richtigen Werkzeuge für die Aufgabe zur Verfügung stehen.

Wir leben in einer Welt, deren technologische Fähigkeiten und Bedürfnisse explodieren. Neue Fragen erfordern neue Methoden, und die Reinheit der Methode bleibt unerlässlich, sei der Zusammenhang auch noch so praktisch. Also, wage intuitive Sprünge in neue schöpferische Richtungen, selbst wenn es zuerst keine Beweise gibt: Die neue Mathematik bahnt den Weg zu neuem Verstehen.

Das bringt mich zurück zu Wigner und seinem klassischen Essay „The Unreasonable Effectiveness of Mathematics in the Natural Sciences" („Die unvernünftige Effektivität der Mathematik in den Naturwissenschaften"). Wigner fragte sich nicht nur, warum die Mathematik *effektiv* ist, wenn es darum geht, Informationen über die Natur zu erhalten. Viele haben diesen Aspekt des Themas aufgegriffen und eine nach meiner Ansicht hervorragende Antwort gegeben: Ob es nun ein bestimmter Mathematiker bemerkt oder nicht – die Entwicklung der Mathematik ist und war immer ein Tauschgeschäft zwischen den Problemen der wirklichen Welt und symbolischen oder geometrischen Methoden, die man erdacht hatte, um Antworten

auf diese Probleme zu erhalten. *Natürlich* ist die Mathematik ein effektives Werkzeug für das Verständnis der Natur; denn letztlich kommt sie aus ihr.

Aber Wigner, so denke ich, war über etwas besorgt – oder freudig überrascht –, das tiefer geht. Es gibt keinen Anlass zur Verwunderung, wenn jemand von einem Problem aus der realen Welt ausgeht – sagen wir von der elliptischen Umlaufbahn des Mars – und dann die Mathematik entwickelt, um das Phänomen zu beschreiben. Genau das tat Isaac Newton mit seinem inversen Gravitätsgesetz, mit seinen Bewegungsgesetzen und mit der Analysis. Aber es ist sehr viel schwerer zu erklären, warum die gleichen Werkzeuge (in diesem Fall Differenzialgleichungen) auch wesentliche Einsichten in damit nicht verwandte Fragen der Aerodynamik oder der Populationsbiologie erlauben. An dieser Stelle wird die Effektivität der Mathematik „unvernünftig". Es ist, als ob man eine Uhr erfände, die die Zeit anzeigen soll, und dann feststellte, dass man mit ihr auch wirklich gut navigieren kann. Das ist tatsächlich passiert, wie Dava Sobel in *Längengrad* erzählt.

Wie kann eine Idee, die man einem bestimmten Problem der wirklichen Welt abgewonnen hat, irgendwelche völlig andersartigen Probleme lösen?

Manche Wissenschaftler glauben, dass dies geschieht, weil das Universum tatsächlich aus Mathematik besteht. John Barrow begründet diese Auffassung so: »Für den Physiker ist Mathematik etwas rundherum Überzeugendes. Je weiter man sich von der täglichen Erfahrung und der unmittelbaren Umgebung entfernt, deren korrekte Erfassung unsere Evolution und unser Überleben erfordert, umso beeindruckender funktioniert die Mathematik. Ob nun im inneren Raum der Elementarteilchen oder im äußeren Raum der Astronomie – die Vorhersagen der Mathematik sind beinahe unvernünftig genau ... Dies hat viele Physiker überzeugt, dass die Sicht, Mathematik sei

einfach eine kulturelle Schöpfung, eine erschreckend unangemessene Erklärung für ihre Existenz und ihre Effektivität bei der Beschreibung der Welt ist … Wenn die Welt bis hinab in ihre tiefsten Ebenen mathematisch ist, dann ist Mathematik die Analogie, die nie versagt.« Es wäre wunderbar, wenn das stimmte. Aber es gibt auch eine andere, weniger mystische, weniger fundamentalistische, aber möglicherweise auch weniger überzeugende Erklärung. Differenzialgleichungen und Uhren sind Werkzeuge, keine Antworten. Sie funktionieren, indem sie das Ausgangsproblem in einen allgemeinen Zusammenhang einbetten und daraus allgemeine Methoden zum Verständnis dieses Zusammenhangs ableiten. Diese Allgemeinheit erhöht die Chance, dass die Methoden überall nützlich sind. Darum erscheint ihre Effektivität so unvernünftig.

Du kannst nie im Vorhinein wissen, welche Anwendungsbereiche Du für ein gutes Werkzeug finden wirst. Ein rundes Stück Holz, auf einer Achse befestigt, wird zum Rad und kann benutzt werden, um schwere Gegenstände zu bewegen. Mache eine Rille hinein und wickle ein Seil darum, und das Rad wird zum Flaschenzug, mit dem man Gegenstände nicht nur bewegen, sondern auch anheben kann. Fertige das Rad aus Metall statt aus Holz und bringe Zähne an statt einer Rille, und Du hast ein Zahnrad. Füge Deine Flaschenzüge und Zahnräder mit einigen anderen Elementen zusammen – einem Pendel, Gewichten, einer Oberfläche ähnlich einer antiken Sonnenuhr –, und Du hast einen Mechanismus, der Dir die Uhrzeit sagen kann, und das ist etwas, das die ursprünglichen Erfinder des Rades niemals hätten vorhersagen können. Die reinen Mathematiker der 60er Jahre erfanden Werkzeuge, die in den 80er Jahren von jedermann benutzt werden konnten. Ich empfinde großen Respekt vor den Hammersleys dieser Welt – denselben Respekt, den ich auch vor einem

großen Schäferhund habe, dem ich auf der Straße begegne. Aber mein Respekt vor den Zähnen des Hundes führt nicht dazu, mit ihm einer Meinung zu sein. Wenn jedermann die Haltung übernähme, die von Kac und Hammersley vertreten wurden, würde niemand die verrückten Ideen entwickeln, aus denen Revolutionen entstehen.

Also: Solltest Du nun reine oder angewandte Mathematik studieren?

Weder noch. Du solltest die Werkzeuge anwenden, die Dir zur Verfügung stehen, sie anpassen und verändern, so dass sie zu Deinen eigenen Projekten passen, und neue Werkzeuge herstellen, wenn Du es für notwendig erachtest.

✉ Woher bekommt man all diese verrückten Ideen? 16

Liebe Meg,

es ist leicht, Forschung glanzvoll erscheinen zu lassen: Probleme an der vordersten Front der wissenschaftlichen Forschung bearbeiten, Entdeckungen machen, die tausend Jahre fortwirken ... Es gibt gewiss nichts, was dem gleichkäme. Was Du dazu brauchst, ist Originalität, Zeit zum Nachdenken, einen Ort, wo Du arbeiten kannst, Zugang zu einer guten Bibliothek und einem guten Computersystem, einen Fotokopierer und eine schnelle Internetverbindung. All dies wird Dir als Teil deines Promotionsstudiums zur Verfügung gestellt, mit Ausnahme des ersten Punktes, für den Du selbst sorgen musst.

Originalität ist natürlich die *conditio sine qua non*, die Voraussetzung, ohne die alles weitere nutzlos ist. Normalerweise werden Studenten zu einem Promotionsstudium nicht zugelassen, wenn keine Belege für originelles Denken, zum Beispiel in einer Projekt- oder Magisterarbeit, vorliegen. Originalität hat man, oder man hat sie nicht: Sie kann nicht gelehrt werden. Sie kann zwar genährt oder unterdrückt werden, aber es gibt keinen „Grundkurs Originalität", der Dir die Weihe für originelles Denken verleiht, sofern Du das Lehrbuch gelesen und die Prüfung bestanden hast.

Während ich das schreibe, wird mir klar, dass ich im Widerspruch zur vorherrschenden Meinung in der Schul-

psychologie stehe, die besagt, dass jeder alles erreichen kann, sofern man ihn oder sie einem ausreichenden Training unterzogen hat. Aus der Beobachtung, dass talentierte Musiker viel üben, haben die Psychologen den Schluss gezogen, dass Übung Talent verursacht, und diese Hypothese auf alle anderen Bereiche intellektueller Aktivität verallgemeinert. Aber ihre Überzeugungen gründen auf einem schlechten experimentellen Design. Sie müssten, um ihre Theorie zu testen, mit vielen Personen *ohne* musikalisches Talent arbeiten. Trainiere die Hälfte von ihnen, nimm die andere Hälfte als Kontrollgruppe und zeige, dass das Training eine Menge hochtalentierter Musiker hervorbringt, was bei fehlendem Training (erwartungsgemäß) nicht geschieht. Ich bin sicher, dass Training zu einiger Verbesserung führen kann. Ich glaube aber nicht, dass es solide Musiker hervorbringt, wenn nicht von Anfang an auch Talent vorliegt.

Ich bin kein Mozart. Ich habe etwas musikalisches Talent, aber nicht genug, und das liegt nicht an mangelnder Übung. Mit Training kann ich einen vernünftigen Leistungsstand erreichen: Als Student spielte ich Leadgitarre in einer Rockgruppe. Aber ich hätte üben können wie ein Weltmeister, ich wäre niemals ein Jimi Hendrix oder Eric Clapton geworden (ganz zu schweigen von Mozart). Wie Edward Bulwer-Lytton einmal sagte:»Genie macht, was es muss, und Talent macht, was es kann.« Ich habe gerade genug musikalisches Talent, um zu wissen, was fehlt.

Mathematisches Talent aber habe ich *wirklich*. Nicht auf dem Niveau von Mozart, aber deutlich mehr als beim Gitarrenspiel. Im Alter von zehn Jahren war ich in meiner Klasse bereits der Beste in Mathematik, und, glaube mir, das kam nicht vom regelmäßigen Lernen. Mein Geheimnis war, dass ich sehr wenig für Mathe tat. Ich brauchte das nicht. Meine Klassenkameraden dachten, dass ich Stunden über Stunden gearbeitet hätte, um sie in den Matheklausu-

ren zu übertreffen, und ich war lange Zeit klug genug, sie nicht aufzuklären. Sie hätten mich umgebracht, hätten sie erfahren, wie wenig Zeit – verglichen mit ihren Anstrengungen – ich für die Hausaufgaben in Mathematik brauchte.

Als Student am Churchill College in Cambridge hatte ich einen Freund, der ebenfalls seinen Magister in Mathematik machte. Er arbeitete zwölf Stunden am Tag – *jeden* Tag. Ich hingegen ging zu den Vorlesungen, machte Notizen, verbrachte ein oder zwei Stunden am Tag damit, die Aufgabenblätter zu bearbeiten, und das war's, zumindest bis es an der Zeit war, das Material für die Prüfung am Jahresende zu wiederholen. Im britischen System gab es damals keine Prüfungen am Ende des Semesters. Man machte im Juni die Prüfungen über alles, was man im vorangegangenen Jahr studiert hatte. Deshalb arbeitete ich im April und Mai härter als den Rest des Jahres. Während mein Freund bis spät in die Nacht hinein arbeitete, war ich im Pub, trank ein Bier und spielte Darts. Und was war die Belohnung für all die Überei? Er schaffte die Prüfung nur mit Ach und Krach. Ich hingegen erhielt erstklassige Noten und ein Stipendium.

Es stimmt, dass talentierte Menschen oft sehr hart trainieren. Sie müssen das, um auf ihrem Gebiet ihre Spitzenstellung halten zu können. Ein Fußballprofi, der nicht täglich stundenlang seine Fitness trainiert, würde schnell durch jemanden ersetzt, der dies tut. Die Voraussetzung, damit das Training effektiv sein kann, ist aber Talent.

Ich vermute, dass die Psychologen die Rolle des Trainings deshalb überschätzen, weil sie auf die politisch korrekte Entwicklungstheorie hereingefallen sind, derzufolge Menschen bei ihrer Geburt „leere Blätter" sind, auf die die Erfahrungen des Lebens geschrieben werden. Diese Theorie wurde mit Steven Pinkers Buch *Das unbeschriebene Blatt* gründlich zerstört. Eine fundierte Widerlegung hat

es jedoch niemals mit fanatischer Befürwortung aufnehmen können.

Wie dem auch sei, Meg, da Du zum Promotionsstudium zugelassen wurdest, glauben die Mathematiker, die diese Kurse anbieten, offensichtlich daran, dass Du genügend Originalität besitzt, um das Studium erfolgreich zu beenden. Ich habe keinen Zweifel daran, dass Du auch über eine andere wesentliche Qualität verfügst: Engagement. Du *möchtest* Forschung betreiben, Du hungerst danach. Einer meiner Kollegen sagte einmal zu mir:»Ich kann wirklich nicht sagen, wer die besten Mathematiker sind, aber ich kann sagen, wer *getrieben* ist.« Was die Karriere betrifft, vertreten viele die Meinung, dass nach Erreichen der durchschnittlichen Kompetenzstufe Energie und Antrieb mehr zählen als Talent.

Science-Fiction-Autoren, eine andere Berufssparte, bei der Originalität wichtig ist, werden oft gefragt: „Woher bekommen Sie diese verrückten Ideen?" Die Standardantwort lautet: „Wir denken sie uns aus." Ich habe selbst Science-Fiction-Romane geschrieben, und ich stimme dem zu. Aber Autoren erfinden diese Geschichten nicht aus dem Nichts. Sie vertiefen sich in Aktivitäten, aus denen Ideen entstehen könnten, wie zum Beispiel in die Lektüre von Science-Fiction-Zeitschriften, und sie richten ihre Antennen nach den leisesten Hinweisen auf eine Idee aus.

Mathematiker empfangen Ideen auf die gleiche Art und Weise. Sie lesen Mathematikzeitschriften, sie denken über Anwendungen nach, und sie schalten ihre Antennen auf Empfang.

Trotzdem scheinen die Allerbesten andere Wege zu beschreiten, um neue Ideen zu bekommen. Es ist fast so, als ob sie auf einem anderen Planeten lebten. Srinivasa Ramanujan war ein brillanter Autodidakt der Mathematik aus Indien, dessen Lebensgeschichte sehr romantisch ist; sie wird in Robert Kanigels *Der das Unendliche kannte*

interessant erzählt. Ich denke an Ramanujan als einen Formelmenschen. In seiner Jugend erlernte er den größten Teil der Mathematik aus einem einzigen, ziemlich seltsamen Lehrbuch, George Carrs *A Synopsis of Elementary Results in Pure and Applied Mathematics*. Es bestand aus einer Liste von etwa 5 000 mathematischen Formeln von einfacher Algebra bis zu komplizierten Integralen der Analysis und den Summen unendlicher Reihen. Das Buch muss Ramanujans geistige Verfassung angesprochen haben, ansonsten hätte er nie seinen Weg durch dieses Labyrinth gefunden. Auf der anderen Seite erweckte es in ihm die Auffassung (weil ihm niemand etwas anderes sagte), dass das Wesen der Mathematik in der Herleitung von Formeln bestehe.

Mathematik besteht natürlich aus mehr – zuerst aus dem Beweis und der Begriffsstruktur. Aber neue Formeln spielen eine Rolle, und Ramanujan war auf diesem Gebiet ein Genie. Mathematiker aus dem Westen wurden 1913 auf ihn aufmerksam, nachdem er eine Liste mit einigen seiner Formeln an Hardy geschickt hatte. Als dieser sich die Liste ansah, konnte er einige als bekannte Ergebnisse identifizieren, aber viele andere waren so seltsam, dass er keine Idee hatte, woher sie stammen könnten. Entweder war der Mann ein Spinner oder ein Genie. Hardy und sein Kollege John Littlewood zogen sich mit der Liste in einen ruhigen Raum zurück, entschlossen, erst wieder herauszukommen, wenn ihr Urteil feststand.

Das Urteil lautete „Genie", und so wurde Ramanujan schließlich nach Cambridge geholt, wo er mit Hardy und Littlewood zusammenarbeitete. Er starb jung an Tuberkulose und hinterließ eine Reihe von Notizbüchern, die sogar noch heute eine Fundgrube für neue Formeln sind.

Auf die Frage, woher seine Formeln kämen, antwortete Ramanujan, dass die Hindugöttin Namagiri ihn in seinen Träumen aufgesucht und sie ihm mitgeteilt habe. Er

wuchs im Schatten des Sarangapani-Tempels auf, und Namagiri war die Gottheit seiner Familie. Wie ich Dir in einem früheren Brief schrieb, betonen Hadamard und Poincaré die zentrale Rolle des Unbewussten bei der Entdeckung neuer Mathematik. Ich denke, dass Ramanujans Träume von Namagiri oberflächliche Spuren einer verborgenen Aktivität seines Unbewussten waren.

Man kann nicht anstreben, ein Ramanujan zu werden. Seine Art der Begabung war außergewöhnlich; ich vermute, dass die einzige Möglichkeit, sie zu verstehen, darin besteht, sie zu besitzen, und sogar dann hält sie vermutlich wenige Angriffspunkte für Introspektion bereit. Lass mich als Kontrast dazu die viel nüchterne Art beschreiben, wie ich gewöhnlich neue Ideen bekomme. Ich lese viel, häufig in Gebieten, die keinen Bezug zu meinen haben, und die besten Ideen kommen oft dann, wenn mich das Gelesene an etwas erinnert, über das ich bereits etwas weiß. Auf diese Weise kam ich zu meiner Arbeit über die Fortbewegung bei Tieren.

Die Anfänge für diese speziellen Ideen reichen in das Jahr 1983 zurück, als ich ein Jahr lang mit Marty Golubitsky in Houston arbeitete. Wir entwickelten eine allgemeine Theorie von Raum-Zeit-Mustern auf dem Gebiet der periodischen Dynamik, das heißt, wir betrachteten Systeme, die im Zeitverlauf immer wieder dieselben Verhaltensfolgen zeigten. Das einfachste Beispiel ist ein Pendel, das periodisch von links nach rechts und von rechts nach links schwingt. Stellt man ein Pendel vor einen Spiegel, dann sieht das Spiegelbild genauso aus wie das Original – mit einem Unterschied: Wenn sich das Spiegelbild in der extrem rechten Position befindet, ist das Original in der extrem linken. Beide Zustände kommen im Originalsystem vor, jedoch sind sie dort mit einer Zeitdifferenz von exakt einer halben Periode voneinander getrennt. Somit besitzt ein schwingendes Pendel eine Art von Sym-

metrie, bei der eine räumliche Veränderung (spiegele links und rechts) äquivalent zu einer zeitlichen ist (warte eine halbe Periode). Diese Raum-Zeit-Symmetrien sind ein zentrales Merkmal der Muster periodischer Systeme. Wir schauten uns nach Anwendungen für unsere Ideen um und fanden sie vorwiegend in der Physik. Diese ordnet und erklärt zum Beispiel jede Menge Muster, die man in einer Flüssigkeit zwischen zwei rotierenden Zylindern in einem beschränkten Raum vorfindet. 1985 fuhren wir beide zu einer Konferenz nach Arcata im Norden Kaliforniens. Als die Konferenz vorbei war, teilten wir uns zu viert, drei Mathematiker und ein Physiker, einen Mietwagen zurück nach San Francisco. Es war ein sehr kleines Auto, und es musste außer uns vier Personen auch das gesamte Gepäck befördern. Zu allem Überfluss lud Marty in Napa Valley noch eine Kiste seines Lieblingsweines ein.

Jedenfalls hielten wir auf der Reise gelegentlich an, um Mammutbäume zu bewundern. Zwischendurch arbeiteten Marty und ich heraus, wie sich unsere Theorie auf ein System von Oszillatoren anwenden ließe, die zu einem Ring verbunden sind. („Oszillator" ist ein Wort für alles, was periodisches Verhalten zeigt.) Wir erledigten die Arbeit nur in unseren Köpfen und schrieben nichts auf, da wir uns wegen der Enge nicht bewegen konnten. Diese Übung war mathematisch gesehen befriedigend, aber sie erschien ziemlich künstlich. Es kam uns überhaupt nicht in den Sinn, nach Anwendungen in der Biologie statt der Physik zu suchen, wahrscheinlich weil wir uns dort nicht auskannten.

An diesem Punkt griff das Schicksal ein. Mir wurde ein Buch mit dem Titel *Natural Computation* zur Rezension für die Zeitschrift *New Scientist* zugesandt. Es ging darin um Ingenieure, die sich von der Natur inspirieren ließen, um in Analogie zum Auge das Sehvermögen von Computern zu entwickeln. Einige Kapitel drehten sich um die

Fortbewegung auf Beinen, zum Beispiel die Konstruktion von Computern mit Füßen, um über unwegsames Gelände zu gehen. Und in diesen Kapiteln stieß ich auf eine Liste mit Mustern für die Fortbewegung von vierbeinigen Tieren.

Ich erkannte einige der Muster wieder: Es waren Raum-Zeit-Symmetrien, und ich wusste, dass sie natürlicherweise in einem Ring mit vier Oszillatoren vorkommen. Vier Beine – vier Oszillatoren – das schien äußerst vielversprechend zu sein. So erwähnte ich diese Kuriosität in der Buchbesprechung.

Einige Tage nach Erscheinen der Rezension klingelte mein Telefon. Am anderen Ende war Jim Collins, damals ein junger Student während eines Forschungsaufenthalts in Oxford, etwa 50 Kilometer von meinem Wohnort entfernt. Er wusste viel über Tierbewegungen und war fasziniert von den möglichen mathematischen Bezügen. Er besuchte mich für einen Tag, wir steckten die Köpfe zusammen … und, um es kurz zu machen, wir verfassten eine Reihe von Aufsätzen zu Raum-Zeit-Mustern bei Tierbewegungen.

Viele der radikaleren Veränderungen in meiner Forschungsausrichtung haben sich in ähnlicher Weise ergeben – durch die Entdeckung einer möglichen Verbindung zwischen der mir bekannten Mathematik und Ereignissen, auf die ich zufällig stieß. Jede Verbindung dieser Art ist ein potenzielles Forschungsprogramm, und das wirklich Schöne daran ist, dass man ziemlich genau weiß, wie man damit anfängt. Welche Merkmale sind wesentlich für die Mathematik? Wie können ähnliche Merkmale in Alltagsanwendungen auftauchen? So gibt es in dem Beispiel mit der Fortbewegung eine Verbindung zwischen dem Ring der mathematischen Oszillatoren und dem, was Neurowissenschaftler einen „zentralen Mustergenerator" nennen. Dabei handelt es sich um ein Schaltsystem von Nervenzellen,

die spontan natürliche „Rhythmen" der Fortbewegung hervorrufen, die Raum-Zeit-Muster. So erkannten Jim und ich schnell, dass wir dabei waren, einen zentralen Mustergenerator zu modellieren. In unserem ersten Versuch behandelten wir ihn als einen Ring von Nervenzellen.

Jetzt glauben wir nicht mehr daran, dass unser Anfangsmodell richtig ist: Es ist zu einfach und beinhaltet einen technischen Fehler. Etwas Komplizierteres wird benötigt. Wir haben eine recht gute Vorstellung davon, wie das neue Modell aussehen könnte. So ist Forschung: Man hat eine gute Idee und ist für Jahre beschäftigt.

Lies viel, bleib geistig aktiv, fahre Deine Antennen aus! Wenn etwas Interessantes berichtet wird, dann stürze Dich darauf. Louis Pasteur sagte einst: „Der Zufall begünstigt nur einen vorbereiteten Geist."

✉ Wie man Mathematik lehrt 17

Liebe Meg,

das sind ja hervorragende Neuigkeiten! Herzlichen Glückwunsch zur Postdoktorandenstelle. Ich bin sehr erfreut, aber nicht überrascht: Du verdienst es. Das Forschungsprojekt über die visuelle Verarbeitung bei Fruchtfliegen klingt sehr interessant, und es deckt sich teilweise mit Deinen Interessen, auch wenn Du Dich bislang noch nicht mit den biologischen Aspekten beschäftigt hast.

Du solltest die Tatsache, dass die Stelle Lehrverpflichtungen beinhaltet, als Glücksfall betrachten. Du wirst merken: Mathematik zu lehren, verbessert das eigene Verständnis. Aber Deine Nervosität ist ganz natürlich, und es überrascht mich auch nicht, dass Du der Meinung bist, auf die Verantwortung für die Lehre „überhaupt nicht vorbereitet" zu sein. Viele Menschen in Deiner Rolle empfinden so. Aber sobald Du loslegst, wird diese Nervosität verschwinden. Dein ganzes Leben lang hast Du Dich in Klassenräumen aufgehalten, einige Dutzend Lehrer ausführlich beobachtet und Dir eine klare Meinung darüber gebildet, was einen Unterricht zu einem guten oder schlechten macht. All das ist Vorbereitung. Es ist wichtig, dass Dich nicht mangelndes Selbstvertrauen dazu verleitet, diesen Teil Deines Jobs auf die leichte Schulter zu nehmen.

Ein guter Lehrer wie Mr. Radford ist Gold wert. Gute Lehrer inspirieren ihre Schüler, na ja, wenigstens einige

von ihnen. Schlechte Lehrer können Schülern ein Fach für den Rest des Lebens vergällen. Dummerweise ist es viel leichter, ein schlechter Lehrer zu sein als ein guter, und man muss nicht *wirklich* schlecht sein, um dieselben negativen Wirkungen zu erzielen wie jemand, der absolut schrecklich ist. Es ist viel leichter, das Vertrauen eines Menschen zu zerstören, als ihm zu helfen, es wiederzugewinnen.

Lehren ist wichtig. Es ist nicht einfach eine langweilige Notwendigkeit, die man für die Freude der Forschung in Kauf nehmen muss. Es ist eine Gelegenheit, Dein Verständnis der Mathematik an die nächste Generation weiterzugeben. Viele gute Mathematiker haben Freude am Unterrichten und arbeiten daran genauso hart wie an ihren Forschungsprojekten. Sie sind regelrecht stolz auf „ihre" Kurse.

Es kann durchaus passieren, dass Dir bei der Vorbereitung auf einen Kurs, beim Unterrichten oder beim Entwickeln eines Tests eine Forschungsidee in den Sinn kommt. Wahrscheinlich geschieht dies, weil sich Deine Gedanken beim Lehren aus den üblichen „Forschungsrillen" herausbewegen und Du neue Fragen stellen kannst.

An dieser Stelle muss ich ein Geständnis ablegen. Es ist schon mehrere Jahre her, dass ich selbst Studenten unterrichtet habe, denn 1997 wurde meine Stellenbeschreibung geändert, um mehr Zeit für Tätigkeiten im Bereich „Verständnis von Wissenschaft in der Öffentlichkeit" zu schaffen. Aus den üblichen 50 Prozent Lehre und 50 Prozent Forschung wurden 50 Prozent Forschung und 50 Prozent öffentliche Lesungen, Radio, Fernsehen, Zeitschriften, Zeitungen und populärwissenschaftliche Bücher. All dies hat nützliche Auswirkungen: Ich bin nun in der Lage, Lehrtechniken anzuwenden, die in den Vorlesungen selten vorkommen.

1997 habe ich die wissenschaftlichen Weihnachtsvorlesungen im BBC-Fernsehen gehalten – fünf Stunden Popu-

lärwissenschaft live vor einem Publikum von ungefähr 500 zumeist jungen Menschen. Diese Vortragsserie war 1826 von Michael Faraday ins Leben gerufen worden, und ich war der zweite Vortragende aus dem Bereich der Mathematik.

Einer der fünf Vorträge handelte von Symmetrie und Musterformationen, und ich wollte mit William Blakes Gedicht beginnen – einem Klischee, aber nichtsdestotrotz einem guten –, dessen Eröffnungsstrophe mit »Tyger! Tyger! burning bright« (»Tiger, Tiger, Feuerspracht«) beginnt und mit »What immortal hand or eye/Dare frame thy fearful symmetry?« (»Welches Auge, welche Hand/ wagten Deines Schreckens Brand?«) schließt. Da das Fernsehen nun einmal ist, was es ist, entschlossen wir uns, einen lebenden Tiger auftreten zu lassen – wie wir einen fanden, ist eine eigene Geschichte, aber wir schafften es. Nikka war eine sechs Monate alte Tigerin, und sie betrat den Hörsaal, in dem die Vorlesungen stattfanden, an einer Kette, geführt von zwei stämmigen jungen Männern.

Noch nie wurde ein Publikum so schnell ruhig!

Nikkas Rolle ging über die einer poetischen Metapher hinaus. Die Symmetrie, an die ich gedacht hatte, war die ihrer Streifen, besonders der regelmäßigen Ringe an ihrem eleganten Schwanz. Sie war ein richtiger Star: Sie verhielt sich ausgezeichnet, und wir bekamen genau das Filmmaterial, das wir wollten.

Es ist mir nie gelungen, diesen Beginn eines Vortrags zu überbieten.

Was ich an Kontakt mit Studenten verlor, gewann ich an Kontakt mit der Tierwelt. Die mathematische Fakultät erlitt keinen Schaden, denn sie vergab meine Lehrstelle neu, aber ich vermisse meine regelmäßigen Beziehungen zu den Studenten. Andererseits hatte ich dadurch auch Vorteile; vor allem konnte ich meine Zeit nach meinen eigenen Wünschen einteilen; das war sehr schön. Ich be-

treue immer noch Doktoranden und führe somit wenigstens einen Teil meiner Lehre fort, aber manches von dem, was ich sage, könnte inzwischen veraltet sein.

Zu meiner Verteidigung muss ich erwähnen, dass ich zuvor 28 Jahre lang Vorlesungen und Seminare gehalten habe, davon zwei Jahre in den USA, so dass ich einiges über das amerikanische System und seine Unterschiede zum britischen weiß. Die Ähnlichkeiten sind wichtiger als die Unterschiede, aber ich werde versuchen, meine Erfahrungen auf Deine Verhältnisse zu übertragen.

Das wesentlichste Merkmal eines guten Lehrers ist nach meiner Meinung, dass er sich in die Lage der Studenten versetzt. Es geht nicht nur um klare und genaue Vorlesungen, Überprüfungen und Beurteilungen; seine Hauptaufgabe besteht darin, den Studenten beim Verstehen des Stoffes zu helfen. Ob Du nun eine Vorlesung hältst oder während der Sprechzeiten mit Studenten sprichst, Du musst Dir immer vor Augen halten, dass das, was Dir vollkommen einleuchtend und transparent erscheint, auf jemanden, dem diese Ideen noch nie zuvor begegnet sind, mysteriös und undurchschaubar wirken kann.

Ich habe immer versucht, mich daran zu erinnern. Beim Bewerten von Klausuren ist es so leicht zu denken: „Jetzt habe ich ihnen diesen Stoff 20 Jahre lang beigebracht, und sie verstehen ihn *immer* noch nicht." Aber jedes Jahr kommen neue Studenten an die Universität, die ähnliche Schwierigkeiten haben wie ihre Vorgänger, die dieselben Fehler machen und dieselben Dinge falsch verstehen. Es ist nicht *ihr* Fehler, dass man als Dozent das alles schon kennt.

Dein Vorteil, Meg, ist, dass Du nicht alles schon kennst. Betrachte das als Dein Glück, und nutze es. Die Studenten werden sich bei Dir wohl fühlen, denn der Altersunterschied ist gering und Du bist gerade selbst erst durch dieselbe Mühle gedreht worden, durch die sie jetzt gedreht

werden. Und Du bist noch nicht gelangweilt, immer wieder denselben Kurs halten zu müssen. Ich kann mich an einige meiner ersten Vorlesungen sehr lebhaft erinnern; das Lehren war für mich damals sehr viel leichter als zehn Jahre später. Nach einiger Zeit weißt Du zu viel, und die Gefahr besteht, dass Du versuchst, *all* Dein Wissen und *alle* Deine Einsichten an die Studenten weiterzugeben. Das ist ein schwerer Fehler. Sie haben nicht dieselbe Perspektive wie Du. Also kommt das KISS-Prinzip zur Anwendung: Keep it simple, stupid („Gestalte es einfach, Dummkopf!"). Bleib bei den Kernpunkten, und schweife nicht ab, denn sonst müssen die Studenten neue Ideen verstehen, die Dir vielleicht faszinierend und erleuchtend vorkommen, die aber nicht im Lehrplan vorgesehen sind.

Das amerikanische System ist in dieser Hinsicht überschaubarer als das britische. Typischerweise gibt es einen vorgegebenen Text und einen vereinbarten Lehrplan – bis hin zu Seitenzahlen und bestimmten Absätzen. Der Inhalt ist daher allen bekannt oder sollte es zumindest sein. Aber es gibt immer noch Raum für Input seitens der Lehrkraft, und da gilt es, eine schwierige Balance zu halten – den Studenten helfen, indem man dem Stoff seinen eigenen Stempel aufdrückt, oder die Studenten verwirren, indem man zu viele fremde Ideen einführt.

Bevor Du den Studenten also etwas erzählst, was nicht im Buch steht, musst Du Dich fragen: „Wenn ich eine Studentin wäre, die das Lehrbuch bis zu dieser bestimmten Seite kennt, aber nicht darüber hinaus, was würde mir helfen, den Stoff noch besser zu verstehen?" Und der ausschlaggebende Schritt bei der Suche nach der Antwort ist, dass Du Dich vergewisserst, selbst den Stoff zu beherrschen.

Ich möchte Dir ein Beispiel geben. Die Einzelheiten sind dabei weniger wichtig als die Herangehensweise, die sich auf viele ähnliche Situationen anwenden lässt.

Zu einem frühen Zeitpunkt Deiner Lehrkarriere wird Dich einer Deiner Studenten im Anfängerkurs fragen, warum „minus mal minus plus ergibt". So ist $(-3) \times (-5) = 15$ und nicht -15. Und obwohl dieses Thema in der Schule bestimmt zu Tode geritten wurde, musst Du die standardmäßige mathematische Übereinkunft rechtfertigen. Als Erstes musst Du zugeben, dass es eine Übereinkunft *ist*. Vielleicht ist es die einzig sinnvolle Wahl, aber die Mathematiker hätten, wenn sie gewollt hätten, auch darauf bestehen können, dass $(-3) \times (-5) = -15$. Der Begriff der Multiplikation wäre dann ein anderer, und die üblichen Gesetze der Algebra würden in der Luft zerrissen und aus dem Fenster geworfen, aber hallo! Alte Worte nehmen in neuen Zusammenhängen oft neue Bedeutungen an, und Gesetze der Algebra sind nicht heilig.

Es gibt zwei Gründe, warum die Standardübereinkunft gut ist – einen externen, der damit zu tun hat, wie Mathematik die Wirklichkeit modelliert, und einen internen, der mit Eleganz zu tun hat.

Der externe Grund überzeugt viele Studenten. Denke an Zahlen, die Geld in einer Bank repräsentieren. Positive Zahlen sind Geld, das Du besitzt, und negative Zahlen sind Schulden bei der Bank. Daher ist -5 eine Schuld von 5 Dollar, also sind $3 \times (-5)$ Schulden von 3×5 Dollar, was sich ganz klar auf eine Gesamtschuld von 15 Dollar beläuft. Also $3 \times (-5) = -15$, und niemand zerbricht sich darüber den Kopf. Aber wie steht es mit $(-3) \times (-5)$? Das ist die Summe, die Du erhältst, wenn die Bank Dir dreimal die Schulden von 5 Dollar *erlässt*. Wenn sie das tut, *gewinnst* Du 15 Dollar. Also $(-3) \times (-5) = +15$.

Die einzige andere Wahl, die Studenten überhaupt in Betracht ziehen, ist -15, aber dabei würdest Du auf Deinen Schulden sitzenbleiben.

Die „interne" Erklärung basiert darauf, eine Summe wie $(-3) \times (5-5)$ auszurechnen. Einerseits ergibt das ganz

klar null, andererseits können wir die Gesetze der Algebra nutzen, um den Term zu erweitern. Dabei erhalten wir $(-3) \times 5 + (-3) \times (-5)$. Da wir uns bereits verständigt haben, dass minus mal plus minus ergibt, folgern wir aus den algebraischen Gesetzen, dass $-15 + (-3) \times (-5) = 0$. Dies impliziert, dass $(-3) \times (-5) = 15$ sein muss (füge 15 auf jeder Seite hinzu).

Anhand des ersten Falles können wir behaupten: *Wenn* wir wollen, dass Mathematik ein Bankkonto abbildet, dann muss minus mal minus plus ergeben. Im zweiten Fall können wir sagen: *Wenn* wir wollen, dass die üblichen Gesetze der Algebra auch für negative Zahlen gelten, dann gilt das Gleiche. Es gibt nichts, was erfordert, dass eines dieser Dinge wahr ist. Aber es ist sicherlich bequemer, wenn sie es sind; aus diesem Grund haben die Mathematiker diese spezielle Konvention gewählt.

Ich bin sicher, Dir fallen noch andere, ähnliche Argumente ein. Wichtig ist es, den Studenten nicht einfach zu sagen: „So ist es nun mal. Frag nicht warum; lerne es einfach." Noch schlechter wäre es nach meiner Ansicht, sie mit dem Eindruck zurückzulassen, es gebe ganz einfach keine Wahl, es sei *gottgewollt*, dass minus mal minus plus ergibt. Alle diese Begriffe – plus, minus, mal – sind menschliche Erfindungen.

An dieser Stelle könnte einer Deiner nachdenklicheren Studenten einwenden, dass es in dem Sinne *gottgewollt* ist, dass es nur *eine* Mathematik gebe, die von natürlichen Zahlen ausgeht und in einem völlig folgerichtigen Verfahren fortschreitet. Du könntest antworten, dass es tatsächlich mehrere Erweiterungen des Zahlenbegriffs gibt – negative Zahlen, Brüche, „reelle" Zahlen (unendliche Dezimale), „komplexe" Zahlen, bei denen -1 eine Quadratwurzel hat ... selbst Quaternione (bei denen -1 viele Quadratwurzeln hat, aber einige Gesetze der Algebra versagen). Jede dieser Erweiterungen ist wahrscheinlich ein-

zigartig und besitzt bestimmte Merkmale, aber es ist dem menschlichen Geist überlassen, welche dieser Merkmale er für bedeutsam hält. Es wäre beispielsweise möglich, ein neues Zahlensystem zu erfinden, in dem alle negativen Zahlen gleich wären, und dieses System wäre logisch vollständig konsistent, würde aber den üblichen algebraischen Gesetzen nicht gehorchen.

Du könntest notfalls auch eingestehen, dass manche Erweiterungen natürlicher zu sein scheinen als andere. Diskussionen dieser Art funktionieren nicht immer. Tief verwurzelte Missverständnisse sind manchmal schwer auszurotten. Selbst wenn sie funktionieren, musst Du Deinen Studenten zeigen, wo ihre Intuition irrt.

Wenn ein Student an einem bestimmten Punkt seines Lehrbuches hängen bleibt, liegt im Normalfall das eigentliche Problem woanders – einige Seiten oder Kurse oder Jahre zurück. Vielleicht versteht er die Beziehung zwischen Multiplikation und wiederholter Addition nicht. Vielleicht versteht er sie nur zu gut und versteht nicht, wie man −3 −5mal addieren kann. Es ist erstaunlich, wie oft beim Unterrichten versteckte Annahmen oder nicht hinterfragte Merkmale Deines eigenen mathematischen Hintergrunds aufgedeckt werden. Wann immer ein mathematisches Konzept auf neue Bereiche ausgedehnt wird, musst Du einige seiner früheren Interpretationen verwerfen und neue akzeptieren.

In der Mathematik kann man neues Material ziemlich lang mitschleppen, ohne es wirklich an Bord zu holen. Mein Kollege David Tall hat hierzu eine Theorie, die mir recht sympathisch ist. Seine Vorstellung ist, dass die Mathematik voranschreitet, indem sie (begrifflich) Prozesse in Dinge verwandelt. „Zahl" beispielsweise beginnt als Prozess des Zählens. Die Zahl 5 erhält man, wenn man die Finger einer Hand (zu der ich auch den Daumen rechne) zählt: „Eins, zwei, drei, vier, fünf." Um weiterzu-

kommen, muss man aber irgendwann mit dem Zählen auf-
hören und an die 5 als Ding selbst denken. Das ist bereits
beim Bilden von Summen wie 5 + 3 nützlich. Die Unfä-
higkeit, das Zählen in ein Ding zu verwandeln, lässt sich
vertuschen, indem man die Finger der einen Hand mit
drei Fingern der anderen Hand zusammen aufrichtet und
die Menge zählt: „Eins, zwei, drei, vier, fünf, *sechs, sieben,
acht*.“ Das kann man eine lange Zeit so machen, bei Summen
aber wie 2546 + 9773 wird man scheitern.

Ein anderes Beispiel bietet die Multiplikation. Eine Zeit-
lang kann man sich 4 × 5 als 4 + 4 + 4 + 4 + 4 denken
und damit auf die Ebene der Addition zurückfallen (sogar
mit Zählen). Aber wenn man mit 444 × 555 konfrontiert
wird, muss man sich etwas Besseres einfallen lassen.

Interessant ist, dass die Strategien, die auf lange Sicht
versagen, genau diejenigen sind, die wir kurzfristig
anwenden, um diese neuen Begriffe zu lehren. Wir beziehen Zahlen auf das Zählen und benutzen sogar oft „Zähl-
werke“. Nichts daran ist falsch. Mathematiker bauen neue
Ideen auf alten auf. Ich sehe nicht, wie Du sonst lehren
könntest. Aber *letztendlich* musst Du die Stützräder vom
Fahrrad abmontieren: Die Studenten müssen die neuen
Ideen verinnerlichen.

David nennt diese Prozess-Begriff-Einheiten „Prozepte“.
Manchmal ist es nützlich, ein solches Prozept als Prozess
anzusehen, manchmal als Begriff, als Konzept, als Ding.
Die Kunst der Mathematik besteht darin, mühelos von
einem Blickwinkel zum anderen zu wechseln. Beim Forschen bemerkst Du diesen Wechsel noch nicht einmal,
aber beim Lehren musst Du Dir dessen bewusst sein.
Wenn einer Deiner Studenten Schwierigkeiten mit einem
neuen Prozept hat, mag der Grund darin liegen, einen früheren Prozess nicht „prozeptualisiert“ zu haben. Deine
Aufgabe als Lehrerin ist also, die Folge von Ideen zurück-

zuverfolgen, die zur neuen Idee geführt haben. Du schaust nicht nach der ersten Stelle, an der es Deinem Studenten nicht gelingt, eine Frage zu beantworten, sondern nach der Stelle, an der er die Frage beantworten kann, indem er sich auf eine einfachere Idee stützt.

In britischen Grundschulen ist es gelungen, all dies spektakulär falsch zu machen. Wir haben jetzt einen in extremer Weise festgeschriebenen „nationalen Lehrplan", und die Lehrer müssen tatsächlich Hunderte von Kästchen abhaken, um die Fortschritte der Schüler festzuhalten. Können sie bis fünf zählen? Abhaken. Können sie fünf und drei addieren? Abhaken. Die Annahme ist: Was zählt, ist die Fähigkeit der Schüler, Antworten zu geben. In Wirklichkeit zählt aber, *wie* sie zu dieser Antwort gelangen. Ich selbst vertrete die eher altmodische Meinung, dass sie irgendwie zur *richtigen* Antwort kommen müssen. Bei mir gibt es keine leicht verdienten Noten für den „richtigen" Rechenweg. Ich bin aber absolut sicher, dass das Abhaken von Kästchen nicht der richtige Weg ist, um irgendjemandem Mathematik beizubringen.

✉ Die Gemeinschaft der Mathematiker 18

Liebe Meg,

du bist jetzt kurz davor, ein vollwertiges Mitglied der mathematischen Gemeinschaft zu werden; da ist es vielleicht gut zu wissen, was dieser Status beinhaltet. Es geht mir nicht nur um die mathematischen Aspekte, über die wir uns bereits unterhalten haben, sondern auch um die Menschen, mit denen Du zusammenarbeiten wirst und an die Du Dich anpassen musst.

In Science-Fiction-Kreisen gibt es das Sprichwort: „Ein Fan zu sein, macht stolz und einsam." Der Rest der Welt kann Deine Begeisterung für etwas, das ihnen verschroben und zwecklos vorkommt, nicht nachvollziehen. Sie halten Dich für einen „Fachidioten". Aber wir sind alle Fachidioten, es sei denn, wir sind Dauerglotzer, die sich für nichts anderes als das Fernsehprogramm interessieren. Mathematiker haben ein leidenschaftliches Interesse für ihr Fach und empfinden Stolz, zur Gemeinschaft der Mathematiker zu gehören, deren Tentakel sich in alle Himmelsrichtungen erstrecken. Du wirst diese Gemeinschaft als beständige Quelle der Ermutigung und Unterstützung erleben – von Kritik und Rat ganz zu schweigen. Natürlich wird es auch Unstimmigkeiten geben, aber im Großen und Ganzen sind Mathematiker freundlich und entspannt, vorausgesetzt Du drückst nicht die falschen Knöpfe.

Der Stolz ist das eine, die Einsamkeit das andere. Meine Erfahrung sagt mir, dass die Öffentlichkeit sich heutzutage mehr als früher der Tatsache bewusst ist, dass Mathematiker nützliche und interessante Sachen machen. Wenn Du heute auf Partys eingestehst, eine Mathematikerin zu sein, dann ist die Wahrscheinlichkeit höher, dass Du gefragt wirst „Was denken Sie über die Chaostheorie?" als dass man Dir mitteilt „In der Schule war ich in Mathe immer schlecht". In *Jurassic Park* sagt Michael Crichton, dass die Mathematiker von heute eher Rockstars als Buchhaltern ähneln.

Falls das stimmt, dann sind das schlechte Neuigkeiten für die Rockstars.

Selbst wenn Du auf einer Party auf die Chaostheorie angesprochen werden solltest, wäre es sicher immer noch unklug, dem netten Typ in der Lederjacke Dein jüngstes Theorem zur halbstetigen Pseudometrik bei Kähler-Mannigfaltigkeiten zu erklären. (Obwohl: Heutzutage *könnte* sich herausstellen, dass auch er ein Mathematiker ist. Doch darauf verlässt Du Dich lieber nicht.) Obwohl die Öffentlichkeit neuerdings ihre Toleranz gegenüber der Mathematik entdeckt hat, wird es Momente geben, in denen Du gern mit Menschen zusammen sein möchtest, die verstehen, was Du tust – zum Beispiel am Tag, nachdem Du endlich den halbstetigen Fall der Roddick-Federer-Vermutung über die Unregelmäßigkeit in der Pseudometrik bei Kähler-Mannigfaltigkeiten in Dimensionen größer als 34 bewiesen hast.

Science-Fiction-Fans gehen auf Conventions (sie nennen sie „Cons"), um mit anderen Science-Fiction-Fans zu reden. Züchter von Rennhunden besuchen Rennhunde-Shows und messen sich dort mit anderen Züchtern von Rennhunden. Mathematiker gehen zu Konferenzen, um sich dort mit anderen Mathematikern zu treffen. Sie geben Seminare oder Kolloquien, oder sie besuchen sich einfach.

Jack Butterworth, unser erster Rektor, sagte einmal, eine Universität sei nichts wert, wenn nicht ständig ein Viertel ihres Lehrkörpers in der Luft sei. Er meinte das wörtlich – auf Flugreise, nicht auf geistigen Höhenflügen. Der beste Weg, die Sache der Mathematik voranzutreiben, besteht darin, andere Mathematiker zu treffen. Wenn Du Glück hast, besucht man *Dich*. Die Universität von Warwick, die um 1960 gegründet wurde, entwickelte sich zu einem Zentrum für Mathematik von Weltruf, weil sie vom ersten Tag an Symposien abhielt – einjährige Spezialprogramme in irgendeinem Gebiet der Mathematik. (Einst hieß es, „Symposium" bedeute „zusammen einen heben", und so ganz ist dies nicht von der Hand zu weisen.) Aber es ist auch eine gute Idee – und macht mehr Spaß –, wenn Du *sie* besuchst. Die Mathematik war wie alle Wissenschaften schon immer international. Isaac Newton *schrieb* seinen Kollegen in Frankreich und Deutschland Briefe, heute könnte er einen Billigflieger nehmen und sie besuchen.

Mathematiker sitzen gewöhnlich beim Kaffee zusammen. Erdős sagte, ein Mathematiker sei eine Maschine, um Kaffee in Theoreme zu verwandeln. Mathematiker teilen Witze, Klatsch, Theoreme und Neuigkeiten.

Die Witze sind natürlich mathematische Witze. In der Januar-Ausgabe 2005 der *Notices of the American Mathematical Society* findet sich eine ausführliche Zusammenstellung klassischer mathematischer Witze, und ihr Inhalt, Meg, ist ein unerlässlicher Bestandteil Deiner mathematischen Kultur. Da gibt es zum Beispiel einen Witz über die Arche Noah. (Mein Lieblings-Arche-Noah-Witz ist ein Cartoon aus der Biologie: Es regnet in Strömen, auf der Arche sieht man zwei Tiere von jeder Gattung, und Noah wühlt auf Knien im Matsch herum. Noahs Frau ruft von der Arche: „Noah! Vergiss die zweite Amöbe!") Der mathematische Arche-Noah-Witz geht jedenfalls wie folgt:

Die Sintflut ist zurückgegangen, und die Arche liegt sicher auf dem Berg Ararat. Noah befiehlt allen Tieren, hinauszugehen und sich zu vermehren. Bald wimmelt es auf dem Land von allen möglichen Geschöpfen im Übermaß – außer von Schlangen. Noah fragt sich, warum das so ist. Eines Morgens klopfen zwei unglückliche Schlangen an die Tür der Arche; sie haben eine Beschwerde: „Du hast keine Bäume gefällt." Noah ist verwundert, aber macht, was sie wollen. Es dauert keinen Monat, und man kann keinen Schritt mehr tun, ohne auf kleine Schlangen zu treten. Unter großen Schwierigkeiten macht Noah das Elternpaar ausfindig. „Was hatte das mit den Bäumen zu bedeuten?", fragt er. „Na ja", sagt eine der Schlangen, „du hast nicht bemerkt, was für eine Gattung wir sind." Noah versteht immer noch nicht. „Wir sind Ottern und können uns nur vermehren, indem wir Baumstämme benutzen." (*englisch: We're adders, and we can only multiply using logs.*)

Dieser Witz ist (in der englischen Version) ein mehrfaches Wortspiel: Man kann Zahlen multiplizieren (*multiply*), indem man ihre Logarithmen (*logs*) addiert (*add*). Andere Witze parodieren die Logik von Beweisen: „*Theorem*: Eine Katze hat neun Schwänze. *Beweis*: Keine Katze hat acht Schwänze. Eine Katze hat einen Schwanz mehr als keine Katze. Quod erat demonstrandum."

Mathematiker erzählen einander oft von Theoremen. Darunter sind schrullige wie das „Schinkenbrot-Theorem": „Wenn man eine Scheibe Schinken und zwei Scheiben Brot hat und diese im Raum in welcher Lage zueinander auch immer anordnet, dann gibt es eine Ebene, die jeden dieser drei Teile genau hälftig teilt." Oder die jüngst bewiesene „Blasebalg-Vermutung", die besagt, dass jedes Polyeder, das gebogen wird (was mit einigen bemerkenswerterweise möglich ist), sein Volumen nicht verändert. Aber oft gibt es einen Haken an der Geschichte: „Du hast das bewiesen? In Ordnung, dann mach dasselbe jetzt mit n Objekten in n Dimensionen." Manchmal erzählen Mathematiker einander von Vermutungen, also Theore-

men, die noch nicht bewiesen und nach allem, was sie wissen, wahrscheinlich falsch sind. Mein Favorit ist die „Wurst-Vermutung". Stelle Dir vor, Du willst eine bestimmte Zahl Tennisbälle in Plastikfolie einwickeln. Welche Anordnung hat die kleinste Oberfläche? (Gehe davon aus, dass die Folie eine konvexe Oberfläche bildet und keine Beulen aufweist.) Die Antwort lautet: 56 oder weniger Bälle sollten in einer Reihe angeordnet werden, um eine „Wurst" zu bilden; 57 oder mehr Bälle sollten eher wie Kartoffeln in einem Einkaufsnetz angehäuft werden.

Bei der vierdimensionalen Entsprechung liegt der entscheidende Punkt irgendwo zwischen 50 000 und 100 000. 50 000 Bälle bilden eine Wurst, 100 000 werden zum Haufen. Der exakte Punkt ist nicht bekannt.

Hier ist die vollständige Vermutung: Drei und vier Dimensionen führen in die Irre. Beweise, dass in fünf oder mehr Dimensionen Würste *immer* die richtige Antwort sind, gleichgültig wie groß die Anzahl der Bälle sein mag.

Die Wurst-Vermutung wurde für 42 und mehr Dimensionen bewiesen.

Es ist grotesk. Ich liebe es.

Natürlich tratschen Mathematiker auch. Es kann um die Topologin gehen, die mit ihrem Sekretär durchgebrannt ist, oder um die chaotische Scheidung zweier bekannter Gruppentheoretiker. Aber das ist eine neuere Entwicklung, die ich auf den schlechten Einfluss des Fernsehens zurückführe. Traditionellerweise dreht sich der Klatsch um die Frage, wer Aussichten auf den Lehrstuhl für Abstrakten Unsinn an der Staatlichen Universität für Zeitverschwendung hat; oder darum, ob der andere jemanden kennt, der eine Postdoktorandenstelle zu vergeben hat, die für eine junge Expertin in Funktioneller Analysis wie meine Studentin Kylie passend wäre, oder um die Frage, ob der angebliche Beweis von Winkle und Whelk für die Massenlücken-Hypothese irgendeine Aussicht auf Richtigkeit hat.

Aber es gibt auch ernsthafte Neuigkeiten. Während ich dies schreibe, ist der Hauptgesprächsstoff die neueste Information über Grisha Perelmans angeblichen Beweis der Poincaré-Vermutung. Hat schon jemand einen Fehler im Beweis entdeckt? Was denken die Experten darüber? Das ist alles sehr aufregend, denn die Poincaré-Vermutung ist eine der großen offenen Fragen in der Mathematik – übertroffen nur von der Riemann-Hypothese. Alles geht auf einen Fehler zurück, den Henri Poincaré im Jahr 1900 machte. Er nahm ohne jeden Beweis an, dass jeder dreidimensionale topologische Raum (mit einigen technischen Bedingungen), auf dem jede Schleife stetig zu einem einzelnen Punkt geschrumpft werden kann, einer 3-Sphäre äquivalent sei – das dreidimensionale Analogon einer zweidimensionalen Oberfläche einer normalen Kugel. Dann bemerkte er, dass hierfür jeder Beweis fehlte, versuchte einen zu finden und scheiterte. Er verwandelte das Scheitern in eine Frage: Ist jeder Raum dieser Art eine 3-Sphäre? Aber jedermann war so sicher, dass die Antwort nur Ja lauten könne, dass sich die Frage stillschweigend in eine Vermutung verwandelte. Ihre Verallgemeinerung für höhere Dimensionen wurde schließlich bewiesen – für jede Dimension *außer* 3, was, gelinde gesagt, eine Enttäuschung war. Die Poincaré-Vermutung wurde so bekannt, dass sie auf die Liste der sieben Jahrtausendprobleme kam, die das Clay-Institut zu den bedeutendsten ungelösten mathematischen Problemen erklärte und für deren Lösung es jeweils eine Belohnung von einer Million Dollar auslobte.

In den Jahren 2002 und 2003 veröffentlichte Perelman, ein zurückhaltender junger Russe mit Physikhintergrund, zwei Artikel auf arXiv („Archiv"), einer Website für mathematische Vorabdrucke. Sie waren mit der Bemerkung versehen, dass sie nicht nur die Poincaré-Vermutung bewiesen, sondern auch die noch mächtigere Thurston-Vermu-

tung, die den Schlüssel zu *allen* dreidimensionalen topologischen Sphären enthält!

Normalerweise entpuppen sich Behauptungen dieser Art als Unsinn, aber Perelmans Idee ist klug und wartet mit einem guten Unterbau auf. Sein Trick besteht darin, den so genannten Ricci-Fluss zu verwenden, um den fraglichen Raum in einer Weise umzuformen, die der Krümmung des Raumes in Einsteins Gleichung der allgemeinen Relativität entspricht. Und da liegt der Hase im Pfeffer. Um den Beweis wirklich verstehen zu können, muss man dreidimensionale Topologie, Relativität, Kosmologie und ein Dutzend anderer bis dato nicht verknüpfter Bereiche der reinen Mathematik und der mathematischen Physik kennen. Und außerdem ist es ein langer und schwieriger Beweis mit einer Vielzahl von Fallen für den Unaufmerksamen. Darüber hinaus folgte Perelman der altehrwürdigen russischen Tradition, nicht alle Einzelheiten preiszugeben. Also sind die Experten, die Perelmans Arbeiten in Seminaren auf der ganzen Welt durcharbeiten, verständlicherweise sehr behutsam mit Äußerungen über die Richtigkeit des Beweises. Aber jedes Mal, wenn jemand eine Lücke oder einen Fehler gefunden zu haben glaubt, erklärt Perelman ruhig, er habe dies bereits durchdacht, und es sei kein Fehler. Und er hat immer Recht.

Inzwischen ist ein Punkt erreicht, an dem – selbst wenn sich der Beweis als falsch erweisen sollte – die bisher erlangten richtigen Erkenntnisse von größter Bedeutung für die Mathematik sind. Und während ich dies schreibe, kommen die Experten stetig der Einsicht näher, dass der Beweis wirklich funktioniert. Also sperre die Ohren auf, Meg.

Je mehr Deine Karriere voranschreitet, desto wichtiger wird die weltweite mathematische Gemeinschaft für Dich werden. Du wirst ein Teil dieser Gemeinschaft werden, und dann wirst Du in jeder Stadt dieser Erde ein Zuhause haben.

Du bist gerade in Tokio angekommen? Gehe in die nächstgelegene Universität, finde die mathematische Fakultät und gehe hinein. Es wird dort mindestens eine Person geben, die Du kennst oder die Dich durch Deine Arbeit kennt, auch wenn ihr Euch noch nie begegnet seid. Sie werden alles stehen und liegen lassen, den Babysitter bestellen und Dir am Abend die Stadt zeigen. Sie haben vielleicht sogar ein Zimmer frei, falls Du vergessen hast, ein Hotelzimmer zu buchen. Sie werden ein Seminar veranstalten, damit Du Deine neuesten Ideen einem verständnisvollen Publikum vortragen kannst. Vielleicht können sie sogar einen kleinen Beitrag zu Deinen Flugkosten beisteuern.

Du solltest dennoch nicht Business Class fliegen oder in einer Hotelsuite übernachten (jedenfalls nicht in Deiner *eigenen*). Die Mathematik basiert auf dem Prinzip des Billigen und Heiteren. Manchmal wünsche ich mir, wir würden uns selbst nicht auf diese Weise unterbewerten, aber es ist eine tief verwurzelte Verhaltensweise, und es ist viel zu spät, sie zu ändern.

Natürlich ist es zivilisierter und organisierter, der mathematischen Fakultät der Universität Tokio vorher eine Mail zu schicken. Aber das Ergebnis wird ähnlich sein.

Wenn Du Dich mit Deinen Gastgebern verstehst, wird man Dich wieder einladen. Während Du die Karriereleiter hinaufkletterst (und Deine Gastgeber mit Dir), werdet Ihr immer häufiger zu Konferenzen eingeladen werden. Eines Tages wirst Du selbst Konferenzen organisieren, und das bedeutet, dass Du jeden einladen kannst, mit dem Du sprechen möchtest. Es wird einen Zeitraum von ungefähr einem Jahr geben, eine Art „Phasenübergang", in der Du von jemandem, der zu keiner Konferenz eingeladen wird, zu jemandem wirst, der zu viel zu vielen eingeladen wird. Wähle sorgfältig aus und lerne, Nein zu sagen. Lerne, manchmal Ja zu sagen.

Es gibt große, mittelgroße und kleine Konferenzen. Es gibt spezielle und allgemeine Konferenzen. Die großen, allgemeinen sind gut geeignet, um Leute zu treffen und an Jobs zu kommen. Alle vier Jahre findet der Internationale Kongress der Mathematiker irgendwo auf der Welt statt. Ich war zuletzt dabei, als man in Kyoto tagte; es gab 4 000 Teilnehmer. Ich sah viel von Kyoto, traf eine Menge alter Freunde und lernte einige neue kennen, und ich erfuhr ein wenig darüber, was Mathematiker außerhalb meiner Fachrichtung beschäftigt. Auch meine Familie war dabei, und sie amüsierten sich großartig beim Erkunden der Stadt und ihrer Umgebung.

Ich mag die kleineren Treffen zu einem bestimmten Forschungsthema viel lieber. Dort lernt man eine Menge, denn fast jedes Gespräch dreht sich um ein Thema, das Dich interessiert und an dem Du im Augenblick arbeitest. Und wenn Du erst einmal ein paar Jahre im Geschäft bist, dann kennst Du fast jeden Besucher – außer den jüngsten Teilnehmern, die gerade erst in die Gemeinschaft aufgenommen wurden.

Sei willkommen, Meg.

✉ Schweine und Lastwagen 19

Liebe Meg,

Du bist tatsächlich Juniorprofessorin! Ich bin stolz auf Dich; wir alle sind es. Und auch noch an einer renommierten Einrichtung! Jetzt bist Du eine professionelle Mathematikerin mit professionellen Verpflichtungen. Und es kommt mir vor, als sei ich so damit beschäftigt gewesen, Dir Ratschläge zu erteilen, was Du unter bestimmten Umständen tun solltest, dass ich die andere Seite der Gleichung vergessen habe: Dir zu raten, was Du nicht tun solltest. Du hast nun eine Stelle mit der Aussicht auf Anstellung auf Lebenszeit; Du musst mehr Verantwortung übernehmen, und Du hast mehr zu verlieren, wenn Du Mist baust. Es gibt für Mathematiker jede Menge Möglichkeiten, sich in der Öffentlichkeit zum Hampelmann zu machen, und fast alle von uns haben das zu irgendeinem Zeitpunkt der Karriere geschafft. Menschen machen Fehler; kluge Menschen lernen aus ihnen. Und der am wenigsten schmerzvolle Weg ist, aus den Fehlern zu lernen, die andere gemacht haben.

Je länger Du im Mathematikgeschäft bleibst, umso mehr Fehltritte wirst Du unausweichlich machen. Auf diese Weise haben erfahrene Menschen ihre Erfahrung gewonnen. Ich selbst habe sehr viele Fehler miterlebt − und begangen. Das Spektrum reicht von einer falschen Gleichung an der Tafel bis zur tödlichen Beleidigung des Uni-

versitätspräsidenten bei einem wichtigen öffentlichen Ereignis. Sei gewarnt! Bestimmt wirst Du einige eigene und neue Fehler erfinden; gelegentliche Peinlichkeiten gehören zum menschlichen Leben. Die meisten meiner Ratschläge sind offensichtlich. Eine Juniorprofessorin, die eine feste Anstellung an ihrer Universität anstrebt, muss herausfinden, worin die Anforderungen und Erwartungen bestehen und sie dann erfüllen. Wenn man von Dir erwartet, zwei Artikel außerhalb des Themas Deiner Dissertation zu veröffentlichen, Du aber nur einen veröffentlichst und stattdessen den Mathematikclub und das Auslandsprogramm für Studenten in Budapest betreust, ein begehrtes Forschungsstipendium gewinnst und den Preis als Lehrerin des Jahrzehnts gewinnst, dann kann es geschehen, dass man Dir eine feste Anstellung verweigert. Sei höflich zu Deinen Vorgesetzten, außer Du hast triftige Gründe, es nicht zu sein, und willst die Stelle wechseln. Sei auch sonst zu jedem höflich, der es verdient, und manchmal sogar zu denen, die es nicht verdienen. Wenn Du mit einer Entscheidung oder Argumentation nicht einverstanden bist, dann lege Deinen Standpunkt knapp, präzise und klar dar, aber ohne zu unterstellen, dass die Meinung der Gegenseite verrückt ist – selbst wenn sie es ist. Halte Deine Verpflichtungen ein, seien es Tutorstunden, Bürozeiten, Prüfungen oder Vorlesungen vor dem Plenum des Internationalen Kongresses der Mathematiker. Wenn Du zugestimmt hast, einem bestimmten Komitee anzugehören, dann erscheine auch zu seinen Sitzungen. Leiste Deine Beiträge, aber nicht zu ausführlich. Erinnere Dich überhaupt immer daran, dass Du eine Akademikerin bist, und verhalte Dich dementsprechend.

Auf der anderen Seite werden manche Fehler erst dann erkennbar, wenn Du sie begangen hast. Da gibt es die Geschichte von meiner ersten Vorlesung vor Studenten an

der Universität von Warwick, die ich damit beendete, dass ich in den Besenschrank marschierte. Es ist an der Zeit, die Angelegenheit klarzustellen. Ja, ich gebe zu, es *war* ein Besenschrank, aber er war gleichzeitig der Notausgang aus dem Vorlesungssaal. Ich hatte angenommen, ich könnte durch eine Seitentür gehen, während die Studenten den Saal durch die Haupttüren verließen. Doch plötzlich sah ich mich von Eimern und Schrubbern umgeben. Noch schlimmer: Ich entdeckte, dass die einzige Möglichkeit, das Gebäude auf diesem Wege zu verlassen, darin bestand, den Notausgang zu öffnen – das würde aber einen Alarm auslösen. Ich hatte zwar das Schild AUSGANG über der Tür gesehen, aber das NOT überlesen. Also sah ich mich gezwungen, aus dem „Besenschrank" herauszuschleichen und verlegen den Studenten zu folgen, die die Treppen hinaufstiegen und den Saal durch die Haupttüren verließen.

Die Moral von der Geschichte ist: Stelle keine Vermutungen an, überprüfe die Lage – nicht nur den Grundriss des Vorlesungssaales, sondern auch die Lage des Gebäudes, in dem Du einen Vortrag halten sollst, oder der Stadt, in der Dein Treffen stattfinden soll, oder den Termin dieses Treffens … Rufe Dir Murphys Gesetz in Erinnerung: „Alles, was schiefgehen kann, wird auch schiefgehen." Erinnere Dich außerdem an die mathematische Folgerung aus Murphys Gesetz: „Alles, was *nicht* schiefgehen kann, wird auch schiefgehen."

Diese Erkenntnis wurde einem guten Freund, der ebenfalls Mathematiker ist, auf einer Reise in ein Land, das man besser nicht beim Namen nennt, auf sehr deutliche Weise vermittelt. Er wollte eine Konferenz besuchen und befand sich auf dem Weiterflug in eine andere, ziemlich weit entfernte Stadt. Als er während des Fluges gerade einige Berechnungen aufschrieb, bemerkte er, dass der Pilot aus dem Cockpit herauskam und die Tür hinter sich schloss.

Ein paar Minuten später machte der Kopilot das Gleiche. Bald darauf kam der Pilot zurück und versuchte die Tür zum Cockpit zu öffnen. Offensichtlich hatte er einige Schwierigkeiten. Der Kopilot versuchte ihm zu helfen, aber es gelang beiden nicht, die Tür zu öffnen. In diesem Moment wurde meinem Freund bewusst, dass das Flugzeug mit Autopilot flog und niemand mehr Zugang zu den Kontrollgeräten hatte. Eine Flugbegleiterin trat zu Pilot und Kopilot, verschwand und kam mit einer kleinen Axt zurück. Der Pilot hieb mit der Axt ein Loch in die Tür, griff mit der Hand hindurch und öffnete sie. Die Crew verschwand im Cockpit und schloss die Tür hinter sich.

Es gab keinerlei Durchsagen, um diesen Vorfall den verwirrten und merklich erschreckten Passagieren zu erklären.

Mein Rat, an Murphys Gesetz zu denken, richtet sich in diesem Fall eigentlich nicht an die Passagiere, sondern eher an Pilot und Kopilot. Wenn Du zu Konferenzen reist, dann wirst Du manchmal mit Fluglinien fliegen müssen, die von den Organisatoren der Konferenz gebucht wurden. Du kannst Dich natürlich entscheiden, auf die Reise zu verzichten, aber Du kannst Dich nicht immer dagegen entscheiden, mit einer Fluglinie zu reisen, die zweifelhafte Sicherheitsstandards oder eine veraltete Flotte hat. Passagiere haben keine echte Möglichkeit, ein solches Problem vorherzusehen, bei seiner Lösung zu helfen oder es zu vermeiden.

Ich komme auf das Thema Vorlesung zurück. Empfehlenswert ist, dass Du ausreichend Zeit einplanst, um zum Vorlesungssaal zu kommen. Vermeide es, unüberschaubare Verpflichtungen unmittelbar vor dem Termin einzugehen. Ich erinnere mich noch sehr lebhaft daran, wie ich einmal zu spät zu einer Vorlesung in Algebra kam. Zu dieser Zeit lebte ich in einem Dorf, in dem ein anderes Mitglied der mathematischen Fakultät einen Bauernhof be-

saß. Also bildeten wir eine Fahrgemeinschaft. Eines Tages, als er mit dem Fahren an der Reihe war, entschloss er sich, auf dem Weg zur Arbeit ein Schwein beim Schlachthof abzuliefern. Das Schwein spürte vielleicht, dass die Fahrt nicht zu seinem Vorteil ausgehen würde, und entwickelte eigene Vorstellungen. Es weigerte sich, über das Brett auf die Ladefläche des Lastwagens zu klettern. Es ist sehr schwierig, professoral zu wirken, wenn man seine Verspätung damit erklären muss, dass es einem nicht gelang, ein Schwein auf einen Lastwagen zu bekommen.

Beziehungen zu anderen Mathematikern ergeben sich hauptsächlich aus Besuchen und Gesprächen. Das können Seminare, also Gespräche unter Spezialisten in Deinem Forschungsgebiet, oder Kolloquien sein, also eher allgemein gehaltene Gespräche unter professionellen Mathematikern, die jedoch nicht Spezialisten im betreffenden Gebiet sind, aber auch öffentliche Vorlesungen, die jedem Interessierten zugänglich sind. Vorlesungen stecken voller möglicher Desaster.

Da gab es zum Beispiel einen bekannten Professor der Zahlentheorie, der die Angewohnheit hatte, zu Beginn der Seminare von Gastdozenten aufzutauchen, um dann innerhalb weniger Minuten einzuschlafen. Dann schnarchte er laut während der gesamten Vorlesung. Wenn der Beifall der Zuhörer ihn am Ende aufweckte, stellte er scharfsinnige Fragen – das solltest Du auf alle Fälle auch tun; versuche aber nach Möglichkeit, das Schnarchen zu vermeiden, sonst gerätst Du in den Ruf einer Exzentrikerin.

Wenn Du die Person bist, die die Vorlesung hält, dann gibt es – besonders wenn Du irgendwelche Gerätschaften benutzt – zahlreiche Gelegenheiten, bei denen Murphy zuschlagen kann. Als ich mit Vorlesungen begann, hatten wir überhaupt nur Tafel und Kreide zur Verfügung, und ich bekenne mich dazu, dass ich lieber einfache visuelle Hilfen verwende, obwohl ich auch in der Lage bin, eine

PowerPoint-Präsentation mit Gesang und Tanz, Beamer und aus dem Internet heruntergeladenen Flash-Grafiken vorzubereiten, wenn das gewünscht wird. Ich habe Overhead-Projektoren benutzt, Whiteboards mit diesen schrecklichen Stiften, die nach Lösungsmitteln riechen, und auch die allgegenwärtigen Flipcharts der Geschäftsleute.

Selbst mit Kreide kann etwas schiefgehen. Vielleicht gibt es ganz einfach keine. Ich habe mir angewöhnt, eine kleine Schachtel mit Kreide zu Vorlesungen mitzunehmen – für den Fall, dass mein Vorredner alles aufgebraucht hat oder die Studenten sich den Spaß machten, sie zu verstecken. Manche Kreidesorten entwickeln sehr viel Staub, der sich auf Deiner Kleidung niederlässt. Ich stelle immer sicher, dass ich eine „staubfreie" Sorte bei mir habe. Auch die setzt sich noch auf meiner Kleidung ab, aber die Reinigungskosten fallen doch geringer aus. Viele Kreidesorten erzeugen beim Schreiben entsetzliche Quietschtöne, die den Leuten durch Mark und Bein gehen. Mit einiger Übung lassen sich diese Geräusche vermeiden. Und normal große Kreide reicht nicht aus, wenn Du eine Vorlesung vor 500 Studienanfängern in einem riesigen Vorlesungssaal hältst. Dann brauchst Du Übergröße.

Andere Geräte können auf spektakulärere Weise zu Bruch gehen. Ein guter Freund wollte einen kurzen Vortrag vor dem British Mathematical Colloquium halten – Großbritanniens größter, jährlich veranstalteter Mathematikkonferenz –, und er plante den Einsatz eines Overhead-Projektors, um jede Menge Bilder auf eine Projektionsleinwand zu werfen. Als er versuchte, die Leinwand von der Decke herunterzuziehen – sie war auf einer Laufrolle befestigt und wurde mit einer Schnur bedient –, fiel sie ihm fatalerweise auf den Kopf. Schließlich projizierte er seine Bilder an eine Wand.

Glaube niemals Deinen Gastgebern, wenn sie versichern, alle Apparate würden einwandfrei funktionieren.

Überprüfe sie immer vor Deiner Vorlesung. Ich hielt einmal eine Vorlesung in Warschau, bei der ich eine Kassette mit 35-Millimeter-Dias verwenden wollte. Man überredete mich, die Dias dem Vorführer auszuhändigen, der alles für mich vorbereiten würde. In der Zwischenzeit ging ich mit meinen Gastgebern einen Kaffee trinken. Als ich den Saal betrat, um mit der Vorlesung zu beginnen, schob der Vorführer die Dias in den Projektor, der alarmierend schräg stand, da die Leinwand sehr hoch angebracht war. Die Kassette rutschte geradewegs durch den Projektor hindurch und fiel auf der Rückseite heraus. Die Dias lagen überall auf dem Fußboden verstreut. Ich brauchte zehn Minuten, um sie alle wenigstens halbwegs wieder in Ordnung zu bringen – und das vor 500 geduldigen Zuschauern.

Verwechsele eine Projektionsfläche nicht mit einem Whiteboard und schreibe nicht mit Permanent-Stiften auf die Fläche. Viele tun das, und ihre Vorlesung bleibt für immer und ewig erhalten – einschließlich ihres Versehens.

Der berühmte Physiker Richard Feynman nahm einst Unterricht in Spanisch, weil er eine Vorlesung in Brasilien halten sollte. Also überprüfe lieber, welche Sprache in dem jeweiligen Land gesprochen wird.

Wenn Du Gastgeberin bist und Dein Besucher eine Vorlesung halten soll, dann stelle sicher, dass Du den Schlüssel für den Vorführraum hast. Einmal musste ich meinen Vortrag improvisieren, da der Diaprojektor, obwohl wir ihn alle in einem wunderbar ausgestatteten Raum sehen konnten, genauso gut auf dem Mond hätte stehen können, denn der Raum war abgeschlossen, und niemand wusste, wer den Schlüssel hatte.

Vergiss nicht, dass sich Dein Besucher vielleicht vor Ort nicht auskennt. Mich ließ man einmal in einer holländischen mathematischen Fakultät zurück, während meine

Gastgeber ins Parkhaus gingen, um in ein Restaurant zu fahren. Ich musste durchs Fenster aussteigen, wobei ich einen Alarm auslöste. Ich schaffte es noch, sie im Parkhaus zu erwischen, und das war gut so, denn ich hatte nicht die geringste Vorstellung, wo sich das Restaurant befand oder wie es hieß.

Vermeide es, durch fremde Gebäude zu laufen, speziell im Dunkeln. Ein befreundeter Biologe suchte einst eine Einrichtung mit einer großen meeresbiologischen Abteilung auf, die über ein Aquarium verfügte. Der Eingang hierzu befand sich unten am Ende einer kurzen Treppe. Er war spätabends allein im Gebäude, und er versuchte den stockdunklen Raum zu betreten. Er tastete nach dem Lichtschalter und löste versehentlich den Feueralarm aus.

Sechs Feuerwehrwagen rasten mit Warnlichtern und heulenden Sirenen heran.

Zwar hatte mein Freund schnell die Feuerwache angerufen, um den Fehlalarm zu erklären, aber gemäß ihren Vorschriften konnte die Feuerwehr nicht ohne Überprüfung umkehren.

Auch bei Komitees oder Gremien können Dir sehr leicht schreckliche Fehler unterlaufen. Universitäten sind ein Netzwerk aus Gremien und Untergremien, einige davon haben wirkliche Macht, andere sind nur Beiwerk. Die meisten bestehen aus einem bestimmten Grund, und viele sind mit Aktivitäten auf niederer Ebene beschäftigt, die aber dennoch wichtig sind – zum Beispiel mit der Bewertung von Klausuren oder mit Kursregularien. Zweifellos wirst Du in die Gremienarbeit eingebunden, und das ist auch richtig so. Eine Universität ist ein komplizierter Ort, der nicht gut funktioniert, wenn jeder die Dinge einfach laufen lässt. Jeder Akademiker muss auch so etwas wie ein Leiter sein, und in gewissem Sinn gilt auch das Gegenteil, vor allem auf der Ebene der Vorgesetzten.

Da ich selbst kein Gremien-Verrückter bin, kann ich auch nicht viele nützliche Ratschläge geben, wie man ein Gremium „bearbeitet", damit Du das von Dir anvisierte Ziel erreichst. Aber ich weiß, wie man es nicht machen sollte. Hierzu folgende Geschichte: Ein wichtiges Gremium diskutierte über eine bedeutende Entscheidung bezüglich einer bestimmten Aktion. Der Mathematiker im Gremium sah sofort, dass die geplante Aktion in ein Desaster führen würde, und verbrachte fünf Minuten damit, die unangreifbare Logik seiner Sichtweise zu erklären. Seine Analyse war klar und präzise und ließ keinen Raum für Zweifel an seinen Schlussfolgerungen. Also widersprach ihm auch niemand. Die Diskussion ging aber weiter, weil die anderen Mitglieder des Gremiums noch nicht zu Wort gekommen waren. Nach einer weiteren Stunde Diskussion – zu der der Mathematiker nichts mehr beitrug, da er ja glaubte, seinen Standpunkt verdeutlicht zu haben –, kam es zur Abstimmung. Man entschied sich, genau *die* Aktion durchzuführen, vor der der Mathematiker gewarnt hatte.

Was war sein Fehler? Es war kein Fehler der Analyse oder der Präsentation, sondern des Timings. In jeder Diskussion eines Gremiums kommt ein Moment, der ausschlaggebend ist, welche Entscheidung letztendlich gefällt wird – jetzt musst Du zuschlagen. Machst Du Deinen Standpunkt zu früh klar, hat ihn jeder vergessen. Wenn Du Glück hast, kannst Du diesen Fehler wettmachen, indem Du Deine Position noch einmal wiederholst. Bringst Du Deinen Standpunkt zu spät ein, verfehlt er seine Wirkung.

Du solltest aber auch nicht auf Deinem Standpunkt beharren, nachdem Du bereits gewonnen hast. Du verlierst vielleicht nur deshalb Unterstützung, weil Du auf etwas herumreitest, was allen längst klar ist. Wenn Du noch weitere Munition hast, dann hebe sie für eine Gelegenheit auf, in der Du sie brauchst.

Diesen Rat befolge ich nun auch selbst.

✉ Freud und Leid der Zusammen- arbeit

20

Liebe Meg,

ja, es ist ein Dilemma. Festanstellung und Promotion hängen von Deinen persönlichen Leistungen in Forschung und Lehre ab, aber es ist natürlich auch reizvoll, mit anderen im Team zu arbeiten. Zum Glück werden die Vorteile gemeinschaftlichen Forschens von immer mehr Menschen erkannt und die Beiträge eines Einzelnen zu den Arbeiten des Teams ebenfalls gewürdigt. Ich denke daher, Du solltest Dich darauf konzentrieren, bestmögliche Forschung zu betreiben. Wenn dies dazu führt, dass Du in einem Team mitarbeitest, dann ist das eben so. Ist die Forschung gut und Deine Lehre auf dem neuesten Stand, wird Deine Beförderung folgen, und es spielt dann keine Rolle, ob Du die Arbeit alleine oder als Teil eines Teams geleistet hast. Zusammenarbeit hat ja auch entscheidende Vorteile, beispielsweise wenn es darum geht, Erfahrungen in der Beantragung und Verwaltung von Zuschüssen zu sammeln. Du startest vielleicht als Juniorpartner im Team von jemand anderem, und über kurz oder lang wirst Du eine selbstständige, leitende Forscherin.

Einstellungen ändern sich schnell. In der Vergangenheit war es in der Mathematik zumeist so, dass jeder für sich allein arbeitete. Die großen Theoreme wurden von einer einzelnen Person entdeckt und bewiesen. Zur Sicherheit wurde diese Arbeit parallel von einem anderen (ebenfalls

allein arbeitenden) Mathematiker durchgeführt, aber Zusammenarbeit war selten, und Veröffentlichungen von drei oder mehr Personen gab es praktisch nicht. Heutzutage ist es völlig normal, dass Texte von drei oder vier Mathematikern gemeinsam verfasst werden. Nahezu 98 Prozent meiner Forschungsarbeiten der letzten 20 Jahre fanden in Zusammenarbeit mit anderen statt; mein Rekord ist ein Text, den ich zusammen mit neun anderen Autoren schrieb.

Im Vergleich zu anderen Wissenschaftszweigen ist das allerdings immer noch wenig. Manche Physikarbeiten haben deutlich mehr als 100 Autoren, ebenso Arbeiten in der Biologie. Die wachsende Zusammenarbeit wird manchmal als Anpassung an die Mentalität des „Veröffentlichens oder Untergehens" (*publish oder perish*) gedeutet. Festanstellung und Promotion hängen davon ab, wie viele Veröffentlichungen jemand in einer bestimmten Zeit vorzuweisen hat. Eine einfache Methode, die eigene Veröffentlichungsliste wachsen zu lassen, besteht darin, als Mitautor bei der Publikation eines anderen Autors genannt zu werden. Die Gegenleistung ist einfach: Man nennt den anderen Autor in seiner eigenen Veröffentlichung.

Aber ich glaube nicht, dass diese „Wie Du mir, so ich dir"-Haltung wesentlich zum Anstieg der Koautorenschaft beigetragen hat.

Der Grund für die große Anzahl von Autoren bei einigen Veröffentlichungen in der Physik ist naheliegend. In der Elementarteilchenphysik wird die gemeinsame jahrelange Arbeit eines riesigen Teams meist in einem Zeitschriftenartikel von vielleicht vier Seiten verdichtet. Zum Team gehören Theoretiker, Programmierer, Experten in der Konstruktion von Teilchendetektoren, Experten in der Erkennung von Musteralgorithmen, die die von den Detektoren gewonnenen extrem komplexen Daten interpretieren, Ingenieure, die wissen, wie man Elektromagne-

ten bei tiefen Temperaturen konstruiert, und viele andere. Jeder von ihnen ist für das Unternehmen unerlässlich, und alle verdienen, als Autoren in dem Bericht erwähnt zu werden. Aber dieser Bericht ist gewöhnlich kurz und zielt auf den entscheidenden Punkt: „Wir haben das Omega-minus-Teilchen entdeckt, wie von der Theorie vorherge-sagt wurde: Hier ist der Beweis." Irgendjemand bekommt vielleicht den Nobelpreis für diese vier Seiten. Wahr-scheinlich der Erstgenannte.

Große Wissenschaft bezieht viele Menschen mit ein. Das gilt auch für gigantische biologische Projekte wie die Genomsequenzierung.

Ähnliches vollzieht sich in der gesamten Wissenschaft. Begründet ist dies in der wachsenden Interdisziplinarität von Wissenschaft und Mathematik. Du erinnerst Dich, dass eines meiner Interessengebiete die Anwendung der Dynamik auf Bewegungen von Tieren ist; meine frühen Texte habe ich alle in Zusammenarbeit mit Jim Collins, einem Experten in Biomechanik, geschrieben. Das musste so sein: Ich verstand nicht genug von der Bewegung von Tieren, und Jim war mit der für dieses Gebiet bedeutsa-men Mathematik nicht vertraut.

Die Veröffentlichung, die ich zusammen mit neun ande-ren Autoren schrieb, fasste zwei dreijährige Projekte zur Anwendung neuer Methoden der Datenanalyse in der Feder- und Drahtindustrie zusammen. Mehr als 30 Perso-nen waren an dieser Arbeit beteiligt; für die Veröffentli-chung beschränkten wir die Liste der Autoren auf diejeni-gen, die für einen wichtigen Aspekt der Ergebnisse direkt verantwortlich waren. Einige von uns arbeiteten an den theoretischen Aspekten in der Mathematik; andere erforschten neue Wege, wie wir das, was wir benötigten, aus den aufzuzeichnenden Daten extrahieren konnten; wie-der andere führten die Analyse dieser Daten durch. Unsere Ingenieure entwickelten und bauten die Testgerätschaften;

unsere Programmierer schrieben den Code, mit dem ein Computer die notwendige Analyse in Echtzeit durchführen konnte. So funktionieren interdisziplinäre Projekte. In den letzten 20 Jahren haben Finanzierungskörperschaften in aller Welt den Anstieg der interdisziplinären Forschung befürwortet – und das zu Recht, denn dort werden momentan viele der großen Fortschritte erreicht und in Zukunft erreicht werden. Zu Beginn begriffen sie es noch nicht richtig. Die Idee der interdisziplinären Forschung wurde gepriesen, aber wenn jemand einen Vorschlag für ein solches Projekt hatte, musste er sich an die bestehenden Komitees *einer* Disziplin wenden, die natürlich wesentliche Teile der Anträge auf Fördermittel nicht verstanden. So wurde beispielsweise der Vorschlag, nichtlineare Dynamik auf die Evolutionsbiologie anzuwenden, vom Mathematikkomitee abgelehnt, weil die Gutachter dort keine Sachkenntnis auf dem Gebiet der Evolution hatten. Dann wurde er vom Biologiekomitee zurückgewiesen, weil man dort die Mathematik nicht verstand. Das Ergebnis war, dass die Finanzierungsagenturen interdisziplinäre Forschung in jeder Weise unterstützten – außer durch Finanzierung.

Wohlgemerkt: Niemand machte etwas *falsch*. Es war nur praktisch unmöglich, die Entscheidung zu rechtfertigen, Geld für die Dynamik der Evolution auszugeben, wenn diese Finanzmittel von Spitzenprojekten über, sagen wir, algebraische Topologie oder Proteinfaltung abgezogen werden mussten. Zur Entlastung der Betroffenen sei gesagt: Das System hat sich zum Besseren verändert, und es ist jetzt möglich, eine Finanzierung für wissenschaftliche und mathematische Projekte zu erhalten, die mehrere Disziplinen umfassen. Eine wichtige Folge ist die Schaffung vollständig neuer Disziplinen wie Biomathematik und Computerkosmologie. Eine andere besteht darin, dass die traditionellen Grenzen der Fachgebiete verschwimmen.

Neben diesen politischen Faktoren gibt es noch einen weiteren Grund für die dramatische Zunahme der Gemeinschaftspublikationen: einen sozialen Grund. Es macht einfach viel mehr Spaß, mit Kollegen in Gruppen zusammenzuarbeiten als alleine im Büro vor dem Computer zu sitzen. Manchmal muss man alleine sein – um etwas abzusichern, um ein konzeptionelles Problem zu lösen, eine Definition zu formulieren, eine Berechnung durchzuführen. Aber man braucht auch die Anregung durch Diskussionen mit Kollegen im eigenen Fachgebiet oder aus jenen Fachgebieten, in denen man seine Ideen anwenden möchte. Andere Menschen wissen Dinge, die man selbst nicht weiß. Noch interessanter ist: Wenn zwei Menschen die Köpfe zusammenstecken, dann entstehen manchmal Ideen, auf die keiner alleine gekommen wäre. Es gibt da eine Synergie, eine neue Synthese, die Jack Cohen und ich gerne *Komplizenschaft* nennen. Ergänzen sich zwei Standpunkte, dann passen sie nicht einfach zusammen wie Schlüssel und Schloss oder Erdbeeren und Sahne, sondern erzeugen völlig neue Ideen. Auf Deinem Karriereweg, Meg, kann es gut sein, dass Du die Freuden der Zusammenarbeit, die Hilfe, das Interesse und die Unterstützung von Kollegen schätzen lernst, die Dich gedanklich ergänzen.

Es gibt aber auch die Kehrseite der Zusammenarbeit. Sich den falschen Mitarbeiter auszusuchen, führt unweigerlich zum Desaster. Leider kann dies auch mit gänzlich vernünftigen und kompetenten Menschen geschehen; es ist eine Frage der persönlichen „Chemie", die man nicht immer vorhersagen kann. Entscheidend ist, sich dieser Möglichkeit bewusst zu sein und eine Strategie für den Ausstieg aus der Zusammenarbeit parat zu haben.

Vor einigen Jahren schrieben zwei Mathematiker, die ich kenne, zusammen ein Buch. Sie hatten keine Schwierigkeiten, sich auf den mathematischen Inhalt oder auf die Rei-

henfolge der Präsentation des Materials zu einigen. Sie konnten sich lediglich nicht auf die Zeichensetzung verständigen. Es kam so weit, dass einer von ihnen das gesamte Manuskript durchging, um Kommas einzufügen, und der andere dann wieder alle herausstrich. Und so ging es immer weiter. Das Buch wurde schließlich fertig, aber die beiden haben nie wieder zusammengearbeitet. Trotz allem blieben sie gute Freunde.

Jeder, der mit einem anderen zusammenarbeitet, muss etwas Nützliches einbringen. Sie müssen nicht unbedingt gleich viel arbeiten; vielleicht ist nur der eine imstande, eine große Berechnung durchzuführen oder ein kompliziertes Computerprogramm zu schreiben, wohingegen der andere die entscheidende Idee hat, die nur zwei Zeilen im Beweis ausmacht. Solange jeder etwas Wesentliches beisteuert, ist alles in Ordnung, und niemand erhebt Einwände, dass alle Koautoren eine Anerkennung für das Endresultat erhalten. Wenn aber einer der Teilnehmer nur auf dem Trittbrett fährt, was gelegentlich vorkommt, dann freut es alle, wenn sein Name nicht im endgültigen Artikel, Buch oder Bericht erscheint. Dieses Trittbrettfahren muss nicht unbedingt mit Faulheit zu tun haben; manchmal ändert das Projekt auf unvorhersehbare Weise seine Richtung, und ein Beitrag, der zu Beginn wesentlich erschien, erweist sich nun als überflüssig.

Bei den riesigen Teams in der „großen" Wissenschaft bleibt der Projektplan in der Regel ziemlich starr, und Wissenschaftler scheiden nur aus, wenn sie das Projekt verlassen, und werden dann ersetzt. In der Mathematik dagegen ist die Zusammenarbeit eher locker und spontan, und falls es einen Projektplan gibt, dann lautet der erste Punkt auf der Liste: Sei bereit, den Plan zu verändern.

Entspannt und tolerant zu sein, ist sehr hilfreich. Das verhindert Streitereien nicht – im Gegenteil. Dicke Freunde können während eines Forschungsprojekts lang

anhaltende, laute und emotional aufgeheizte Dispute haben. Die Psychologen glauben heute, dass der rationale Teil unseres Gehirns sich auf den emotionalen Teil stützt: Du musst gefühlsmäßig hinter dem rationalen Denken stehen, bevor Du rational denken kannst. Es kommt manchmal vor, dass weder mein Mitarbeiter noch ich das Gefühl haben, das Projekt komme voran – bis wir gelegentlich eine Art Schreiduell austragen. Aber das Gebrüll hört sofort auf, wenn wir beide feststellen, wer recht hat – und es bleibt kein schlechtes Gefühl zurück. Wir sehen es gelassen, wenn es Auseinandersetzungen gibt, nicht so gelassen, wenn es keine gibt.

Gehe niemals eine Zusammenarbeit ein, nur weil Du überzeugt wurdest, dass Du es solltest. Wenn Du nicht ernsthaft daran interessiert bist, mit jemandem zusammenzuarbeiten, dann tu es auch nicht. Es kommt nicht darauf an, dass die anderen große Experten sind oder dass das Projekt viele Fördergelder einbringt. Halte Dich von Dingen fern, die Dich nicht interessieren.

Andererseits finde ich, dass es sich auszahlt, breit gestreute Interessen zu haben. Auf diese Weise ist die Liste der Dinge, von denen Du Dich fernhalten solltest, viel kürzer. Einst hatte ich ein faszinierendes Mittagessen mit einem Mediävisten, der Experte für den Gebrauch des Kommas im Mittelalter war. Bei unserem Dialog kam nichts heraus, aber meine beiden Freunde hätten bei ihrem gemeinsamen Buchprojekt ganz bestimmt von ihm profitiert.

✉ Ist Gott Mathematiker?

21

Liebe Meg,

es war sehr schön, Dich letzten Monat in San Diego zu treffen. Ich schäme mich einzugestehen, dass ich den Kontakt zu Deinen Eltern fast verloren habe, seitdem sie aufs Land gezogen sind. Ich schrieb ihnen und war froh zu hören, dass Dein Vater auf dem Wege der Besserung ist.

Es ist interessant, wie Menschen auf eine Anstellung auf Lebenszeit reagieren. Die meisten führen Forschung und Lehre genauso weiter wie zuvor, aber unter weniger Stress. (In Großbritannien wurden Lebenszeitstellen übrigens vor 20 Jahren abgeschafft.) Ich erinnere mich aber auch an einen Kollegen, der ernsthaft die Absicht äußerte, nun nur noch einen Artikel alle fünf Jahre zu veröffentlichen. In diesen Abständen, so erklärte er, habe er gute Ideen. Das war eine aufrichtige, aber vielleicht keine kluge Haltung. Ein anderer Kollege widmete sich nahezu ausschließlich beratender Arbeit; bereits nach zwei Jahren verließ er die Universität, um eine eigene Firma zu gründen. Jetzt besitzt er ein Ferienhaus in der Karibik. Offensichtlich hatte er genug vom einfachen Leben.

Du reagierst, wie ich sehe, eher philosophisch.

Der Physiker Ernest Rutherford brachte jeden jungen Forscher, der in seinem Labor anfing, vom „Universum" zu reden, sofort zum Schweigen. Ich bin diesbezüglich ent-

spannter als Rutherford. Dieses Terrain sollte nicht allein den Philosophen vorbehalten sein, denke ich.

Vor 2 500 Jahren erklärte Plato, Gott sei ein Geometer. 1939 wandelte Paul Dirac diese Aussage ab, als er sagte: »Gott ist ein Mathematiker.« Arthur Eddington ging noch einen Schritt weiter und erklärte Gott zum *reinen* Mathematiker. Es ist schon bemerkenswert, dass so viele Philosophen und Wissenschaftler überzeugt waren, es gebe eine grundlegende Verbindung zwischen Gott und der Mathematik. (Erdős, der glaubte, Gott habe Wichtigeres zu tun, war dennoch überzeugt, dass ER immer EIN BUCH DER BEWEISE zur Hand hat.)

Gott und die Mathematik versetzen Normalbürger in Angst und Schrecken, aber ihre Verbindung geht sicherlich darüber hinaus. Das ist keine Frage der Religion. Man muss nicht an eine persönliche Gottheit glauben, um in Ehrfurcht vor den erstaunlichen Mustern im Universum zu erstarren oder um zu beobachten, dass sie mathematisch zu sein scheinen. Jedes spiralförmige Schneckenhaus oder jede kreisförmige Kräuselung auf einem Teich vermittelt diese Botschaft.

Von hier aus ist es nur ein kleiner Schritt bis zu der Erkenntnis, dass die Mathematik der Stoff ist, aus dem die Naturgesetze sind, und dass der metaphorische oder wirkliche Gott mathematische Fähigkeiten besitzt. Aber was *sind* Naturgesetze? Sind sie tiefe Wahrheiten über die Welt oder Vereinfachungen, die der unbeschreiblichen Komplexität der Natur von der beschränkten Intelligenz der Menschheit auferlegt werden? Ist Gott wirklich ein Geometer? Sind mathematische Muster wirklich in der Natur gegenwärtig, oder erfinden wir sie? Falls sie real sind, sind sie vielleicht rein oberflächliche Aspekte der Natur, auf die wir uns fixieren, weil sie das sind, was wir verstehen können?

Wir können diese Fragen nicht beantworten, weil wir nicht aus uns selbst heraustreten können, um zu einer ob-

jektiven Sicht des Universums zu gelangen. Alles, was wir erfahren, ist durch unsere Gehirne vermittelt. Selbst unser lebendiger Eindruck, die Welt sei „da draußen", ist ein wundervoller Trick. Die Nervenzellen in unseren Gehirnen erschaffen eine vereinfachte Kopie der Realität in unseren Köpfen und überzeugen uns dann, dass wir darin leben – statt andersherum. In den Hunderten von Millionen Jahren der Evolution wurden die Fähigkeiten des menschlichen Gehirns nicht nach dem Merkmal „Objektivität" selektiert, sondern danach, die Überlebenschancen seines Besitzers in einer komplexen Umwelt zu verbessern. Daher ist das Gehirn keinesfalls passiver Beobachter der Natur. So erschafft unser visuelles System beispielsweise die Illusion einer lückenlosen Welt, die uns vollständig einhüllt, obwohl unser Gehirn zu jedem Zeitpunkt nur einen winzigen Teil des Gesichtsfeldes erfasst.

Da wir das Universum nicht objektiv erfahren können, sehen wir manchmal Muster, die nicht existieren. Vor über 2 000 Jahren war eines der stärksten Beweisstücke für die Existenz Gottes als Geometer die ptolemäische Theorie der Epizyklen. Die Bewegung der Planeten im Sonnensystem beruhte demnach auf einem komplizierten System von Kreisbahnen. Kann man noch mehr Mathematik erwarten? Doch der Schein ist trügerisch, und heute wirkt dieses System auf uns unsinnig und allzu kompliziert. Es kann an jede Art von Umlaufbahn angepasst werden, selbst auf eine quadratische. Letztendlich scheitert es daran, dass es uns nicht erklären kann, *warum* die Welt so gestaltet sein sollte.

Vergleiche Ptolemäus' schwer durchschaubare Kreisbahnen mit dem Newton'schen Universum als Uhrwerk, das im Moment der Schöpfung in Gang gesetzt wurde und von diesem Moment an festen und unabänderlichen mathematischen Regeln gehorcht. So ist zum Beispiel die Beschleunigung eines Körpers gleich der Kraft, die auf ihn

einwirkt, geteilt durch seine Masse. Dieses eine Gesetz erklärt alle Formen von Bewegung – von der Kanonenkugel bis zum Kosmos. Zwar wurde es verfeinert, um Relativitäts- und Quanteneffekte in den Bereichen des sehr Kleinen und ungeheuer Schnellen zu berücksichtigen, aber es vereinheitlicht eine riesige Masse an beobachtbarem Material. Die winzigen Kräuselungen, die jüngst in der kosmischen Hintergrundstrahlung entdeckt wurden, zeigen, dass nach dem Ende des Urknalls das Universum nicht gleichmäßig in alle Richtungen explodierte. Diese Asymmetrie ist verantwortlich für das Zusammenklumpen von Materie, ohne das Du und ich kein Bein – beziehungsweise keinen Planeten – hätten, auf dem wir stehen könnten. Diese Beobachtung ist eine beeindruckende Verifikation der modernen Erweiterungen der Newton'schen Gesetze, und sie zeigt, dass Muster nicht perfekt sein müssen, um bedeutsam zu sein.

Es ist kein Zufall, dass Newtons Gesetze mit Formen der Materie und Energie zu tun haben, die, wie die Kraft, unseren Sinnen zugänglich sind. Wenn wir auf dem Rummelplatz mit der Achterbahn fahren, dann fühlen wir, wie wir von unseren Sitzen gehoben werden, sobald die Bahn über eine Bodenwelle donnert. Aber wieder einmal trickst unser Gehirn. Unsere Sinne reagieren nicht direkt auf Kräfte. In unseren Ohren befinden sich Vorrichtungen – die Bogengänge –, die nicht Kraft, sondern Beschleunigung registrieren. In unserem Gehirn laufen dann die Gesetze Newtons in umgekehrter Form ab, um uns das Gefühl von Kraft zu vermitteln. Durch „Dekonstruktion" leitete Newton aus seinem eigenen Sinnesapparat die Gesetze ab, die seine Funktionsfähigkeit gewährleisteten. Wenn Newtons Gesetze nicht funktionierten, dann würden es seine Ohren auch nicht.

Wir sind viel besser darin geworden, die Künstlichkeit vermeintlicher Muster wie der von Ptolemäus zu durch-

schauen. Es handelt sich um systematische Irreführungen, die aus einer Mathematik herrühren, die so anpassungsfähig ist, dass sie alles erklären kann. Eine Methode, diese Irrwege auszuschalten, besteht in der Akzentuierung von Einfachheit und Eleganz: Diracs provokativer Standpunkt und die wesentliche Botschaft von Ockhams Rasiermesser.

Eine der einfachsten und elegantesten Quellen mathematischer Muster in der Natur ist die Symmetrie.

Symmetrie ist überall um uns herum. Wir selbst sind bilateral symmetrisch: Wir sehen immer noch wie wir selbst aus, wenn wir uns im Spiegel betrachten. Die Symmetrie ist nicht perfekt – das Herz sitzt normalerweise links –, aber eine Beinahe-Symmetrie ist genauso bemerkenswert wie eine vollständige und bedarf gleichermaßen der Erklärung. Bei Kristallen gibt es genau 230 Arten von Symmetrie. Schneeflocken haben eine sechszählige Symmetrie. Viele Viren besitzen die Symmetrie eines Dodekaeders, eines regelmäßigen Festkörpers, der aus zwölf Fünfecken besteht. Ein Frosch beginnt sein Leben als kugelsymmetrisches Ei und beendet es ausgewachsen bilateral symmetrisch. Es gibt Symmetrien in der Struktur des Atoms und in den Wirbeln der Galaxien.

Woher kommen die symmetrischen Muster der Natur? Symmetrie ist die Wiederholung identischer Einheiten. Die Hauptquelle identischer Einheiten ist Materie. Materie ist aus winzigen subatomaren Partikeln zusammengesetzt, und alle Partikel eines Typus sind identisch. Alle Elektronen sind genau gleich. Der berühmte Physiker Richard Feynman deutete einmal an, es gebe vielleicht nur ein Elektron, das in der Zeit vor- und zurückpendelt und das wir mehrfach beobachten. Wie dem auch sei: Die Austauschbarkeit der Elektronen legt nahe, dass das Universum potenziell eine ungeheure Menge an Symmetrie besitzt. Es gibt viele Möglichkeiten, das Universum zu

bewegen und es dennoch gleich aussehen zu lassen. Die Symmetrien eines spiralförmigen Schneckenhauses oder die Tautropfen, die in der Morgendämmerung in regelmäßigen Abständen auf einem Spinnennetz angeordnet sind, können auf dieses Potenzial der Grundpartikel zurückgeführt werden, Muster zu bilden. Die Muster, die wir mit menschlichen Maßstäben erfahren, sind Spuren tieferer Muster in der Struktur der Raumzeit.

Natürlich gilt dies nur, falls diese tieferen Symmetrien nicht nur imaginär sind, also eine moderne Fassung von Epizyklen.

Dass das Universum, wie wir es erfahren, nur ein Ergebnis unserer Vorstellungskraft ist, bedeutet aber nicht, dass das Universum selbst keine unabhängige Existenz besitzt. Fantasie ist eine Tätigkeit von Gehirnen, die aus derselben Art von Materie bestehen wie der Rest des Kosmos. Philosophen mögen darüber debattieren, ob das Muster, das wir in den Streifen eines Tigers entdecken, in einem tatsächlichen Tiger wirklich vorhanden ist; aber das Muster der Nervenaktivitäten, die in unseren Gehirnen durch die Streifen des Tigers hervorgerufen werden, ist definitiv in einem tatsächlichen Gehirn vorhanden. Mathematik ist eine Aktivität der Gehirne, so dass diese wenigstens von Zeit zu Zeit gemäß mathematischen Gesetzen funktionieren können. Und wenn Gehirne dies können, warum dann nicht auch Tiger?

Unser Verstand besteht vielleicht tatsächlich nur aus Elektronenwirbeln in Nervenzellen; aber diese Zellen sind Teil des Universums, sie haben sich in ihm entwickelt, und sie wurden in der tiefen Liebesbeziehung von Natur und Symmetrie gestaltet. Die Elektronenwirbel in unseren Gehirnen sind nicht chaotisch, nicht beliebig und − selbst in einem gottlosen Universum, falls es das ist, was es ist − kein Zufall. Es gibt Muster, die Millionen Jahre einer Darwin'schen Selektion überlebt haben, damit sie mit der Rea-

lität übereinstimmen. Welchen besseren Weg zur Herstellung vereinfachter Modelle der Welt könnte es geben, als die Einfachheiten zu nutzen, die schon da sind? Fantasievolle Systeme, die zu weit von der Realität entfernt sind, sind für das Überleben nicht brauchbar.

Geistige Konstruktionen wie die Epizyklen oder die Bewegungsgesetze können tiefe Wahrheiten oder kluge Irreführungen sein. Die Aufgabe der Wissenschaft ist es, einen Selektionsprozess für Ideen bereitzustellen, der genauso streng ist wie der, der von der Evolution verwandt wird, um das Ungeeignete auszusondern. Die Mathematik stellt dabei eines der Hauptwerkzeuge dar, denn sie ahmt die Bilder in unseren Köpfen nach, mit denen wir das Universum vereinfachen können. Im Unterschied zu diesen Bildern lassen sich mathematische Modelle von einem Gehirn zum anderen transferieren. Die Mathematik ist zu einem entscheidenden geistigen Knotenpunkt zwischen verschiedenen Menschen geworden, und mit ihrer Hilfe hat sich die Wissenschaft für Newton und gegen Ptolemäus entschieden. Selbst wenn Newtons Gesetze – oder genauer: ihre modernen Nachfolger, die Relativitäts- und Quantentheorie – sich schließlich als Irreführungen erweisen sollten, dann sind sie doch produktivere Irreführungen als die von Ptolemäus.

Symmetrie ist eine noch bessere Irreführung. Sie ist tiefgründig, elegant und allgemein. Sie ist auch ein geometrischer Begriff. Also ist Gott, der Geometer, in Wirklichkeit ein Gott der Symmetrie.

Vielleicht haben wir Gott als Geometer nach unserem eigenen Bilde erschaffen. Aber wir haben dies getan, indem wir – während unsere Gehirne in ihrer Entwicklung voranschritten – die grundlegenden Einfachheiten ausnutzten, die die Natur bereitstellte. Nur ein mathematisches Universum kann Gehirne entwickeln, die Mathematik betreiben. Nur Gott als Geometer kann einen Geist

erschaffen, der die Fähigkeit besitzt, sich selbst dahingehend in die Irre zu führen, dass Gott als Geometer existiert.

In diesem Sinne *ist* Gott ein Mathematiker – beziehungsweise eine Mathematikerin, und Sie ist darin viel besser, als wir es sind. Aber gelegentlich dürfen wir Ihr über die Schulter schauen.

Anmerkungen und Literatur

Kapitel 1:

Seite 1 *Die Zeitfalte* ist ein Jugendroman von Madeleine L'Engle (erschienen 1962). Die weibliche Protagonistin heißt Meg, ihre Eltern sind Wissenschaftler. (Anm. d. Ü.)

Seite 3 Eine Anspielung auf den berühmten Werbespruch *Intel inside* des Prozessorherstellers Intel (Anm. d. Ü.)

Kapitel 2:

Seite 13 Die Initialen von Beck ergeben das Wort *web* („Netz"). (Anm. d. Ü.)

Kapitel 3:

Seite 20 *... Du wirst Dich von offenen Fragen wie etwa der Riemann'schen Vermutung verblüffen lassen ...* Die Riemann'sche Vermutung führt zur Riemann'schen Zetafunktion (z), die es erlaubt, eine Aufgabe zu den Primzahlen in eine Aufgabe zur Komplexen Analysis umzuwandeln. Wird die Zetafunktion 0 gesetzt, dann bestehen die Nullstellen entweder aus den negativen geraden Zahlen, oder der Realteil der Nullstellen beträgt ½. Siehe Sabbagh, K. (2002) Dr. Riemann's Zeros. Atlantic Books, London.

Seite 22 *... die vorherrschende Auffassung, dass die Spermienzahl bei Menschen abnehme ...* Bromwich, P., Cohen, J., Stewart, I., und Walker, A. (1994) Decline in Sperm Counts: An Artefact of Changed Reference Range of „Normal"? *British Medical Journal* 309: 19–22

Kapitel 5:

Seite 49   *Leonardo aus Pisa, auch bekannt als Fibonacci ...*
„Fibonacci" bedeutet „Sohn von Bonaccio". Dieser
Spitzname wurde vermutlich erst von Guillaume Libri
im 19. Jahrhundert erfunden.

Kapitel 6:

Seite 55   Poincaré-Zitat aus *http://www.learn-line.nrw.de/*
angebote/selma/foyer/andereautoren/facharbeiten/
poincare.htm

Seite 56   *... Standardgangarten eines vierbeinigen Tieres ...*
Golubitsky, M., Stewart, I., Collings, J. J., und Buono, P.
L. (1999) Symmetry in Locomotor Central Pattern
Generators and Animal Gaits. *Nature* 401: 693–695.

Kapitel 8:

Seite 71   Dieses Rätsel ist hier auf Englisch wiedergegeben. Sie
können aber, statt das „Schiff" ins „Dock" zu bringen,
auch einmal überlegen, wie der HELD auf den STEG
kommt. Die Argumentation gilt im Prinzip auch für dieses Beispiel. (Anm. d. Ü.)

Kapitel 9:

Seite 82   *... wie es angeblich die Bibel tut ...* »Dann machte
Hiram ein großes rundes Bronzebecken, das „Meer".
Sein Durchmesser betrug fünf Meter, sein Umfang fünf-
zehn Meter und seine Höhe zweieinhalb Meter.« Bibel.
Die Könige 7:23.
Wenn wir von einem Kreis ausgehen und die Angaben
für exakt halten, dann ist der Umfang das Dreifache des
Durchmessers: $[\pi] = 3$. Der Absatz ist aber ganz klar
nicht als präzise mathematische Aussage gedacht.

Seite 89   *... Konferenz in Abisko in Schweden ...* Casti, J., und
Karlquist, A. (Hrsg.) (1999) Mission to Abisko. Perseus,
New York: 157–185.

Kapitel 12:

Seite 108   *Gelegentlich erfindet jemand aus heiterem Himmel*
eine solche Maschine ... Ein klassischer Fall ist Louis
De Branges Beweis der Bieberbach'schen Vermutung.
Siehe Stewart, I. (1996) From Here to Infinity. Oxford
University Press, Oxford.

Seite 108 *Der führende algebraische Zahlentheoretiker Sir Peter Swinnerton-Dyer* ... Sir Peter Swinnerton-Dyer hat eine einfachere Erklärung für die Behauptung von Fermat angeboten. Swinnerton-Dyer, P. (2005) The Justification of Mathematical Statements. *Philosophical Transactions of the Royal Society of London.* Series A 363: 2437–2447.

Kapitel 13:

Seite 110 *Archimedes wusste, wie man einen Winkel dreiteilt.* Gegeben sei der Winkel AOB. Zeichne die Strecke BE parallel zur Strecke OA und schlage einen Kreis um B, der durch O geht. Der Kreisradius entspricht der Strecke CD; die Punkte C und D werden im richtigen Abstand auf dem Lineal markiert. Ziehe mit dem Lineal eine Gerade durch den Punkt O in der Weise, dass der Punkt C auf dem Kreis und der Punkt D auf der Strecke BE liegt. Dann ist der Winkel AOC ein Drittel des Winkels AOB. Siehe Dudley, U. (1987) A Budget of Trisections. Springer, New York.

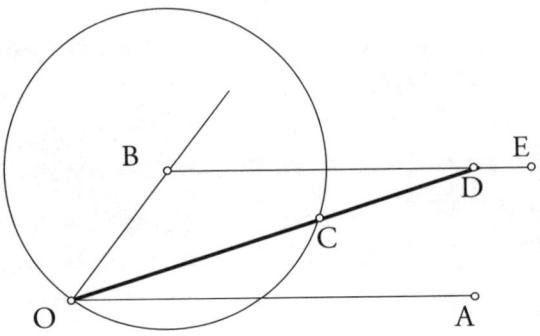

Seite 110   *Gegeben sei ein Schachbrett...* Das linke Bild zeigt das Schachbrett mit den fehlenden Ecken. Das rechte Bild zeigt einen typischen Versuch, es abzudecken: Zwei Quadrate bleiben frei.

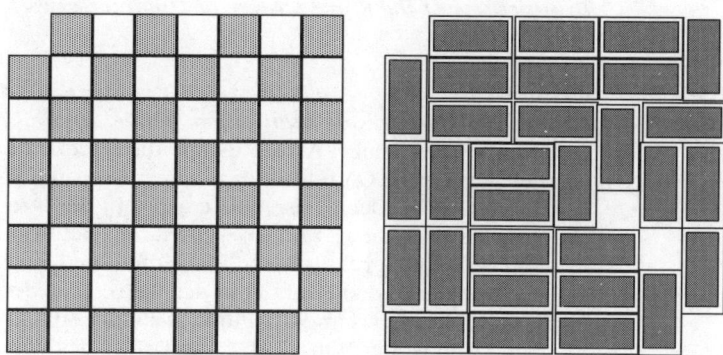

Liegen die fehlenden Ecken hingegen nebeneinander, dann lässt sich das Rätsel leicht lösen.

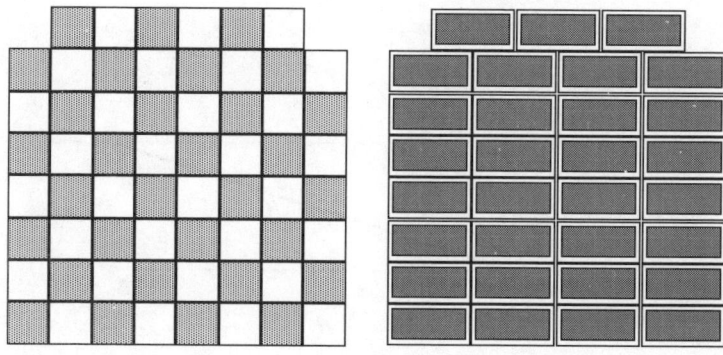

Seite 112   *... dass es unmöglich ist, einen Winkel mit Lineal und Zirkel ohne Skaleneinteilung dreizuteilen.* Der erste Beweis stammt von Wantzel. Siehe Stewart, I. (2004) Galois Theory. Chapman and Hall/CRC, Boca Raton.

Seite 117   *Eine kurze Berechnung zeigt* ... Stewart, I. (2004)
Galois Theory. Chapman and Hall/CRC, Boca Raton.

Kapitel 14:

Seite 127   *Mathematiker sind stolz darauf, ihre akademische
Abstammung* ... Es gibt eine Website, die sich ausschließlich diesem Thema widmet: http://www.
genealogy.ams.org/

Seite 128   *Alle meine portugiesischen Töchter sind wie überhaupt die meisten meiner Hochschulabsolventen bei
der Mathematik geblieben.* Die Geschichte der ersten,
Isabel Labouriau, ist eine der vielen faszinierenden Bio-
grafien in einem wunderbaren Buch über Frauen in der
Mathematik: Case, B. A., und Leggett, A. M. (2005)
Compexities. Princeton University Press, Princeton.

Kapitel 15:

Seite 132   *Der Mathematiker Timothy Poston, ein Kollege, den
ich nun seit 35 Jahren kenne, schrieb 1981 in* Mathematics Tomorrow *einen eindringlichen Artikel.* Poston, T. (1981) Purity in Applications. *Mathematics
Tomorrow.* Springer: New York: 49–54.

Seite 133   ... *das Gesetz der quadratischen Reziprozität* ... Dieses
Theorem, das zuerst von Gauß bewiesen wurde,
behauptet: Sind p und q ungerade Primzahlen, dann
besitzt die Gleichung $x^2 = mp + q$ nur dann natürliche
Zahlen als Lösungen, wenn die verwandte Gleichung $y^2
= nq + p$ eine Lösung hat. Ausnahme: Sind p und q von
der Form $4k + 3$, dann hat eine Gleichung eine Lösung,
die andere aber nicht. Siehe Jones, G. A., und Jones, J. M.
(1998) Elementary Number Theory. Springer, London.

Seite 133   ... *das Titius-Bode-Gesetz* ... Dieses empirische Muster
in den Abständen der Planeten wurde von Johann Titius
im Jahre 1766 entdeckt und von Johann Bode 1772 veröffentlicht. Nimm die Folge 0, 3, 6, 12, 24, 48, 96, bei
der jede Zahl außer der ersten das Doppelte der vorherigen ist. Addiere 4 zu jeder Zahl und dividiere durch
10, so erhält man 0,4, 0,7, 1,0, 1,6, 2,8, 5,2, 10,0. Wenn
man 2,8 weglässt, dann entsprechen diese Dezimalzahlen – gemessen in astronomischen Einheiten – recht

gut den Abständen zwischen Sonne und Merkur, Venus, Erde, Mars, Jupiter und Saturn. (Laut Definition beträgt der Abstand zwischen der Erde und der Sonne einer astronomischen Einheit.) Der Asteroid Ceres füllt mit dem Wert 2,8 genau die Lücke.

Seite 135   *Karl Weierstraß hat eine einfache stetige Funktion entdeckt, die nirgendwo differenzierbar ist.* Falconer, K. (1990) Fractal Geometry. Wiley, New York. [Deutsch (1993): Fraktale Geometrie. Spektrum, Heidelberg.]

Seite 138   *Über die Schwächung mathematischer Fertigkeiten durch die „Moderne Mathematik" und über ähnlichen halbintellektuellen Müll in Schulen und Universitäten.* Hammersley, J. (1960) On the Enfeeblement of Mathematical Skills by „Modern Mathematics" and Other Soft Intellectual Trash in Schools and Universities. *Bulletin of the Institute of Mathematics and its Applications* 4: 66.

Seite 141   *Sein Aufsatz „Can One Hear the Shape of a Drum?" ist ein Juwel.* Kac, M. (1966) Can One Hear the Shape of a Drum? *American Mathematical Monthly* 73: 1–23. Wenn man das Spektrum der Töne kennt, die von einer vibrierenden Membran in der Ebene erzeugt werden, kann man dann auf die Form der Membran schließen? Kac bewies, dass man auf ihre Fläche und ihren Umfang schließen kann. Die allgemeine Frage wurde negativ beantwortet von Gordon, C., Webb, D., und Wolpert, S. (1992) One Can't Hear the Shape of a Drum. *Bulletin of the American Mathematical Society* 17: 134–138.

Seite 141   *Im Nachruf auf Hammersley im Independent on Friday 2004 stand über seine Arbeit ...* Independent (14. Mai 2004).

Seite 143   *John Barrow begründet diese Auffassung so ...* Casti, J., und Karlquist, A. (Hrsg.) (1999) Mission to Abisko. *Perseus*, New York: 3–12.

Kapitel 16:
Seite 150   *Robert Kanigels „Der das Unendliche kannte" ... Kanigel, R. (1991) The Man Who Knew Infinity. Scrib-*

ner's, New York. [Deutsch (1993): Der das Unendliche kannte. Vieweg, Braunschweig.]

Kapitel 18:

Seite 170 Hier ist der Witz im Original. *„The Flood has receded and the ark is safely aground atop Mount Ararat; Noah tells all the animals to go forth and multiply. Soon the land is teeming with every kind of living creature in abundance, except for snakes. Noah wonders why. One morning two miserable snakes knock on the door of the ark with a complaint. „You haven't cut down any trees." Noah is puzzled, but does as they wish. Within a month, you can't walk a step without treading on baby snakes. With difficulty, he tracks down the two parents. „What was all that with the trees?" „Ah", says one of the snakes, „you didn't notice which species we are." Noah still looks blank. „We're adders, and we can only multiply using logs."*

Seite 172 *... die neueste Information über Grisha Perelmans angeblichen Beweis der Poincaré-Vermutung ...* Milnor, J. (2003) Towards the Poincaré Conjecture and the Classification of 3-Manifolds. *Notices of the American Mathematical Society* 50: 1226–1233. Anderson, M. T. (2004) Geometrization of Manifolds via the Ricci Flow. *Notices of the American Mathematical Society* 51: 184–193.

Seite 173 *Und während ich dies schreibe, kommen die Experten stetig der Einsicht näher, dass der Beweis wirklich funktioniert.* DIE ZEIT berichtete am 24.8.2006 über Perelman, der in diesem Jahr die Fields-Medaille verliehen bekommen sollte, den Preis aber ablehnte. Folgt man diesem Bericht, dann gilt Perelmans Beweis in Mathematikerkreisen inzwischen als richtig (http://www.zeit.de/2006/35/Mathe-Perelman).

Ian Stewart ist Professor für Mathematik an der University of Warwick in England und Direktor des dortigen Mathematics Awareness Center. Er ist gewissermaßen die „Lichtgestalt" unter den Mathematikdozenten, die ihre Wissenschaft für eine breitere Öffentlichkeit darstellen. Er hat zahlreiche Sachbücher zu mathematischen Themen veröffentlicht, von denen viele auch ins Deutsche übersetzt wurden, darunter *Die Zahlen der Natur, Pentagonien, Andromeda und die gekämmte Kugel* und *Das Rätsel der Schneeflocke* (alle bei Spektrum Akademischer Verlag erschienen). Seit 2001 gehört Stewart der britischen Royal Society an.

Warum (gerade) Mathematik?